소중한 풀꽃

엉 겅 퀴

비밀스런 속살을 벗긴다

공저

심재석 · 김숙영
심서연 · 심동준
심동훈

소중한 풀꽃

엉 겅 퀴

비밀스런 속살을 벗긴다

초판 1쇄 인쇄 2022년 9월 23일
초판 1쇄 발행 2022년 9월 30일

지은이 심재석 · 김숙영 · 심서연 · 심동준 · 심동훈
펴낸이 김종효
펴낸곳 문예마당

등록 제2021000091호
전화 (063) 642-8588
전자우편 osusjs@hanmail.net / koreanthistle@naver.com
홈페이지 www.koreanthistle.com

ISBN 978-11-980430-9-2 (13480)

소중한 풀꽃

엉 겅 퀴

비밀스런 속살을 벗긴다

목차

〈제 **1** 장〉

임실 엉겅퀴란 무엇인가

임실 엉겅퀴의 과학적 연구

제3장

한의학 고전 DB 발췌 엉겅퀴 자료

제4장

임실 엉겅퀴 관련 특허

엉겅퀴의 체험 사례 소개

엉겅퀴로 만들 수 있는 음식

<제 **7** 장>

임실 엉겅퀴 문학마당

추천사

곽준수

전 영산대학교 교수

대학 캠퍼스를 떠나 연구도, 강의도, 학생 지도도 부담을 느끼지 않고 그야말로 자유로운 백수가 된 나에겐 요즘 들어 참으로 진정한 백수의 진미를 느낄 만한 때라고 생각이 든다.

그동안 미루어 두었던 책도 마음껏 읽고, 오란 데 있으면 가서 강연도 하고, 소통도 하고, 시간 되는대로 글도 쓰고, 사진도 정리하고... 부담이 없어서 좋다.

이런 일상 속 어느 날 오후, 모처럼 느긋한 휴식을 즐기고 있는데 전화벨이 울린다. 임실생약영농조합 심재석 대표다.

그동안 가끔 SNS를 통해서 『한국토종엉겅퀴 연구』로 밤낮없이 몰입하고 있음을 알고 있었고, 가끔 안부 전화도 잊지 않고 전해 주는 각별한 제자여서 반갑게 받았다. 의례적인 인사가 오간 뒤 "교수님 이번에 제가 작은 책을 한 권 출간하려고 합니다. 그동안 연구한 결과들을 모아서 정리를 좀 해 본 것인데, 원고를 보내 드렸으니 읽어 보시고 추천사를 좀 부탁드립니다" 하고 말하는 게 아닌가.

컴퓨터를 켜고 메일을 확인하고, 첨부파일을 내려받아 단숨에 읽어 내려갔다. 180여 쪽에 달하는 원고를 쉬지 않고 읽었다. 밤이 깊은 줄도 모르고….

참 반갑고, 고맙고, 감동했다. 그동안 열심히 하고 있다는 것은 알고 있었지만 이렇게 좋은 결실을 맺게 되는구나, 생각하니 감개무량하고 감사한 마음이다. 추천사를 쓴다는 게 오히려 송구할 따름이다.

심재석 대표는 참 특이한 인연으로 나와는 사제의 연을 맺었다. 그가 40대였던 2천 년 대 초, 당시 내가 근무하던 마산대학교 한약재개발학과 야간 학부에 늦깎이 학생으로 입학을 한 것이었다. 이미 대학을 졸업하고, 나이도 느긋한 그가 약초에 대해서 정말 체계적으로 끝장을 보고 싶은 심정이라며 입학을 한 것이다. 전라북도 임실군 오수면에서 마산대학교까지 하루를 거르지 않고 출석을 하며 자신보다 한참이나 어린 학생들과 함께 공부하며, 제품개발을 하고, 그야말로 성실하고, 모범적인 모습을 보여주었다.

이미 재학 중 그룹스터디를 하면서 제품을 개발하고, 그 공로를 인정받아 대통령상을 수상할 정도였다. 물론 이러한 성실성과 노력을 인정받아 졸업을 할 때는 총장상을 수상하기도 했다. 여기서 그치지 않고 엉겅퀴에 대한 재배기술부터 성분 분석, 기능성 연구, 테마공원 조성 등에 대한 공로를 인정받아 2016년에는 농촌진흥청장으로부터 '농촌진흥청이 선정한 2016 대한민국 최고농업 기술명인' 제35호에 선정되기도 했다.

그는 이미 20대 때부터 약초사업에 뛰어들어 경험을 쌓고, 생산과 유통 분야에서는 나름 일가를 이룬 전문가였다. 한때는 우리나라 약초 생산·유통 업계의 중추적 인물로 그 영향력을 발휘할 정도의 실력자였다. 그럼에도 학문에 임하는 그의 태도는 너무 진지하고, 초심으로 돌아가 새로운 것을 찾으려는 그의 노력은 교수인 나를 오히려 분발하게 했다.

그랬던 그는 졸업을 하고도 임실생약의 대표로서 약초생산과 제품개발에 매진하면서 농촌진흥청으로 또 여러 대학으로 찾아다니며 교수들을 만나고 연구원들을 만나며 학술적 교류를 나누었고, 어느 날부터 엉겅퀴에 매달렸다고 소식을 전해 왔다. 그가 졸업하고 몇 년 뒤, 나는 부산에 있는 영산대학교로 자리를 옮긴 뒤였으나 부족한 사람을 스승이라고 잊지 않고 연락을 주고 그때마다 진행 상황을 전해 준다.

우리나라에 분포하는 20여 종의 엉겅퀴의 기원을 정리하고, 각각의 종들마다 성분함량과 효능효과를 구명하고, 같은 종이라도 재배 지역에 따라서 그리고 채취 시기와 식물체 부위에 따라서 각각 성분 함량이 다름을 구명하고, 『성분지도』를 완성했다. 전통적으로 알려져 온 한약재 대계((大薊))의 효능효과를 뛰어넘어 현대과학적 분석 방법으로 새로운 효능효과를 하나씩 밝혀내며 지금까지 24편의 연구논문을 발표하고 SCI급 학술지에 게재하는 쾌거를 이루어 나갔다.

국가적 차원에서 많은 인력과 예산을 투자해도 쉽지 않은 일을 사비를 들여서, 교수들과 연구원들과 공동연구를 하고, 분석의뢰를 하고, 현장에서 직접 땀을 흘리는 각고의 노력을 기울여 엄청난 비밀을 하나씩 밝혀낸 것이다.
또한 재배기술 확립부터 성분의 효능효과가 밝혀진 물질들을 이용해 새로운 제품을 만들고, 특허를 등록하고, 해외 수출을 위한 계약을 체결하고, 밀크시슬을 수입해 제품을 만들어 왔던 업계에 수입대체 효과를 기대해도 좋을 만큼 우리 약초산업이나 국가 경제에 미치는 영향 또한 크리라 기대한다.

그의 엉겅퀴에 대한 열정은 어디가 끝인지 모르게 앞만 보며 달려가고 있다. 돈벌이 수단으로만 생각을 했다면 절대 하지 못했을 일을 그는 해냈고, 지금도 계속하고 있다.

자생지 복원사업을 주민들과 함께하는 한편, 제품을 만들어 판매하는 수익금을 다시 연구에 투자하고, 소비자와 상생하기 위한 각종 행사를 주관해 진행한다. 소비자와 판매처 사장님들을 초청해 체험행사를 하고, 소비자를 대상으로 해 엉겅퀴를 주제로 하는 시·수필 공모, 사진·그림 공모, 체험수기 공모 등 끝 모를 열정을 불태우며 작은 수익이라도 나누고자 노력한다.

언젠가 그가 초청해 나간 특별강연장에서 난 미국의 저가항공사 사우스웨스트항공사의 CEO 허브 켈러허((Herb Kelleher))의 경영철학을 소개한 적이 있다. 그런데 이미 그는 허브의 '나눔 경영철학'을 현장에서 실천하고 있었다.

이 책은 그동안의 피와 땀이 얼룩진 그 자신, 육체의 글이다.

학계와 공동으로 한 『논문편』은 일반인들에게는 조금 지루할 수도 있다. 그러나 그 핵심만 추려서 게재를 했으므로 부담 없이 읽을 수 있으리라 생각한다. 또한 그동안 그가 소비자로부터 받았던 체험수기와 각종 공모전에서 고른 시와 수필들을 『문학한마당』에서 다루고 있고, 각종 신문을 스크랩한 보도자료, 농장 체험사진 자료, 꽃 모음 등등 독자의 눈을 즐겁게 해 줄 볼거리도 제공하고 있다.

모쪼록 점점 어려워져 가는 우리 농가에 신선한 바람을 불러일으키고, 농업·농촌이야말로 청년과 노년의 일자리 경합이 아닌 상생이 가능한 새로운 블루오션임을 증명해 줄 이 책을 많은 분이 읽고 새로운 진로를 찾는 데 도움이 되시기를 기원하며 감히 추천의 말씀으로 가름한다.

2022년 9월 가을이 오는 문턱에서
전 영산대학교 교수 곽준수 올림

섬진강 맑은 물이 흐르고 산야에 풀꽃들이 지천으로 피고 지는 임실에서 태어난 필자가 약초를 처음 접한 것은 10대 즈음이라고 기억된다.

매년 늦가을이 되면 필자의 어머니는 인근 산에서 엉겅퀴를 비롯한 온갖 약초들을 채취하셔서 큰 가마솥에서 은근한 장작불로 삼사일 동안 정성으로 달인 약물로 아버지를 위한 엉겅퀴 술도 빚고 엉겅퀴 식혜를 만들어 주셨던 것을 마시면서 자랐다. 눈 내리는 겨울날 장독대 큰 소래에서 퍼온 살얼음 바스락거리는 쌉쌀하고 향긋한 엉겅퀴 식혜와 술항아리에서 풍겨 오는 엉겅퀴 동동주의 풍미는 지금도 잊을 수 없는 생생한 기억 속에 있다.

그때 그 당시에 어머님이 들려주시던 말씀 중에 "엉겅퀴 한 가마니면 일어서지 못한 사람도 일으켜 세운다"라고 하셨던 말씀을 돌이켜 생각해 본다. 어머니는 약초에 특별한 전문지식이 있으신 분도 아닌데도 매년 가을이 되면 엉겅퀴로 가족 건강을 챙겨주셨다.

우리 조상들은 전통 민간의약으로 토종 엉겅퀴를 널리 애용해 왔는데 아마도 신경통, 관절염과 어혈을 풀어 주는 데 탁월한 효능이 있기 때문에 민간약으로 많이 이용해 왔던 것 같다.

필자는 20대 초반부터 40여 년 이상의 세월 동안 약용작물과 함께 평생을 살아온 사람이다. 그 과정 속에 우리나라의 토종 엉겅퀴, 즉 한약명으로 대계((大薊))를 국내 최초로 재배법을 정립했고 생육시기에 따라서 채취 부위별로 함유되어 있는 성분들이 생성되고, 증가되며, 감소되고, 소멸되는 생리활성 물질의 변화를 알 수 있는 성분지도를 완성시켰으며 다양한 연구를 통해 24편의 연구 논문을 발표했다.

　지난 18년 동안 결코 짧지않은 긴 시간 동안 한국 토종 임실 엉겅퀴의 숨겨져 있는 비밀과 전통 의학적 가치를 과학적으로 구명하는 데 주도적인 역할을 해온 것이다. 더불어 현재도 국내 유수의 연구기관과 대학교 연구실에 표준화된 엉겅퀴 연구 시료를 제공해 연구하도록 하는 등 다양한 연구가 지속적으로 진행되고 있는 중이다.

　우리 땅에는 약이 되는 풀, 꽃, 나무들이 지천으로 널려 있다. 이러한 생물소재자원들을 소중하게 여기고 보존하며 이를 연구함으로써 활용 가치가 있는 소재자원으로서 그의 가치를 구명해 인류의 건강에 도움이 될 수 있도록 해야 할 것이다.

　약용소재 자원의 연구와 재배 가공을 통해 평생을 생약인으로 살아온 필자로서는 풀 한 포기의 생김생김과 신비로운 향기에서 알 수 없는 희열을 느끼며 그 소중한 생물소재 자원 중에서도 특별히 한국 토종 임실 엉겅퀴의 소중한 가치를 찾는 데 나름의 역할을 다하고자 한다.

　이 책이 나오는 데까지 임실엉겅퀴 연구에 심혈을 기울여 주신 전주대학교 장선일 교수님, 중앙대학교 이상현 교수님, 농촌진흥청 김영옥 박사님과 신유

수 박사님 전주생물소재연구원 정승일 박사님을 비롯한 많은 연구기관과 대학의 교수님들과 연구자님들 그리고 임실엉겅퀴를 개발하고 키워가는데 함께 하고 있는 임실생약 가족들에게도 감사의 말씀을 드리며

앞으로도 독자 제현의 많은 사랑속에, 한 우물을 파는 마음으로 생약 연구에 매진해 국민건강 증진에 이바지하고자 이 땅의 약초를 사랑하는 여러분께 이 작은 책자를 바친다.

2022년 10월 15일
임실 엉겅퀴 농장에서 저자 올림

머리글

한국 엉겅퀴의 유래와 이해

엉겅퀴는 순수 우리말이며 그 유래도 아주 오래되었다. 엉겅퀴를 지칭하는 한자명 대계((大薊))에 대해 『구급간이방救急簡易方』[2)에서는 '한거식'라고 적고 있다. 한거식란 큰 가시를 뜻한다. 향명으로는 '대거새((大居塞))'로, 한글로는 '큰거'로도 기재된 바 있다. 엉겅퀴라고 부르는 현재 명칭은 '한거식'라는 한글명에서 변화되었다.

한글명 엉겅퀴의 최초 기재는 19세기 초『물명고((物名考))』10에서 확인할 수 있고, 뿌리가 된 말 '한거식'는 15세기인 1489년의 일이다.

우리나라 사람들도 전통적으로 엉겅퀴 종류를 약재로 이용했지만 식물체 전체를 나물로 요리해 먹기도 했다. 한라산 중턱에서 종종 목격되는 일이지만 초원에 야생하는 엉겅퀴 종류는 임신한 암컷 노루가 즐겨 먹는 보양식이다. 밀림 속의 큰 고릴라가 엉겅퀴를 일부러 찾아서 먹는 광경을 다큐물에서 보기도 했다. 우리 인간이 약재로 이용하는 것도 그들로부터 배운 생존의 지혜 가운데 하나일 것이다.

일본과 중국에서는 엉겅퀴를 '귀계((鬼薊))' 또는 '대계'로 표기하며, 엉겅퀴

---

2) 엉겅퀴 [Korean thistle, Ussuri thistle, カラノアザミ] (한국식물생태보감 1, 2013. 12. 30., 자연과생태)

종류의 통칭으로 이해하면서 뿌리를 약재로 널리 이용한다.

엉겅퀴의 속명 '치르시움((Cirsium))'은 혈관이 부풀어 오르는 정맥종((靜脈腫))이라는 의미의 희랍어((Kirsos))에서 온 것이며, 고대로부터 피의 흐름과 연관된 질병을 치유하는 약재로 이용한 데서 유래한 것으로 보인다.

국화과((Compositae))를 엉거싯과라고도 한다. 여기서 엉거시란 곧 엉경퀴의 총칭이다. 우리나라 전역에 분포되어 흔히 볼 수 있는 지느러미 엉경퀴((Carduus crispus))는 국화과에 속하지만 그 속은 다르다.

한국 토종 임실 엉경퀴의 특징적이고 확실한 획기적인 가치를 규명했다

필자가 그동안 한국 토종 임실 엉경퀴((대계: 大薊))를 연구하면서 많은 국가 연구기관이나 대학교 연구진들의 도움과 협력을 통해서 이제까지 무려 24편이나 되는 연구논문을 발표했다.

그중에서도 매우 특징적이면서도 확실하게 획기적으로 주목되는 연구로서 필자와 더불어 전주대학교 장선일 교수와 중앙대학교 이상현 교수의 연구업적을 언급하지 않을 수가 없다. 그 내용을 소개하자면 다음과 같다.

첫째, 엉경퀴 생리활성 물질 성분 지도를 완성했다.

필자는 관행적인 뿌리((대계근)) 이용에서 전초 이용으로 엉경퀴의 모든 부위별 활용 가치를 규명한 것이다. 즉, 엉경퀴의 제각각 부위를 5일 간격으로 채취해 생리활성 물질을 분석한 결과, 부위별로 함유되어 있는 생리활성 물질들이 다르게 나타나며 또한 그 물질들이 생성 ⇒ 증가 ⇒ 감소 ⇒ 소멸이 뚜렷하게 이루어지고 있는 현상을 규명한 것이다.

　이러한 결과를 가지고『임실 엉겅퀴의 생리활성물질 성분 지도』를 완성했다. 이는 부위별로 특정 성분이 최고위로 생성된 시기에 채취하면 효능이 뚜렷한 제품을 개발하는 데 표준화된 원료를 확보해 활용할 수 있음을 의미하는 것이다.

　둘째, 엉겅퀴 뿌리에서 전초 이용으로 활용 부위를 확대했다.

　전통적 또는 한의학적으로 주로 엉겅퀴의 뿌리만을 이용해 왔으나 이제까지 연구한 결과를 종합해 보면 간 기능, 혈행개선, 항염증 등 각각의 질환에 효능이 있는 생리활성 물질과 항산화 작용 등이 뿌리보다는 다른 부위에 대량 함유되어 있음을 전주대학교 의과학대학 장선일 교수의 연구를 통해서 규명함으로써 이용 부위를 엉겅퀴 전초로 확대해 원료를 대량 생산할 수 있는 획기적인 전기를 마련한 것이다.

　이는 곧 임실 엉겅퀴를 글로벌 식의약 소재로 키워가는 데 충분한 경쟁력을 확보할 수 있다는 뜻이다.

　셋째, 임실 엉겅퀴에 썰시마리틴((Cirsimaritin)) 성분이 함유되어 있음을 최초로 밝혀냈다.

　한국에 자생하는 토종 엉겅퀴는 약 20여 종류가 있으며 이 모든 엉겅퀴에는 다양한 성분들과 함께 팩톨리나리게닌((Pectolinarigenin))이 함유되어 있다. 중국이나 일본에 자생하고 있는 엉겅퀴((대계)) 종류에도 팩톨리나리게닌 성분이 있는 것을 자료를 통해서 알 수 있다.

　그러나 임실 엉겅퀴에는 특이하게도 팩톨리나리게닌이 없고 특징적인 성분으로 썰시마리틴이 다량 함유되어 있음을 중앙대학교 식물시스템과학과 이상현 교수의 엉겅퀴 생리활성 물질 동정 결과에 의해서 최초로 밝혀냈다. 물론 이후부터도 다른 연구기관의 동정결과에서도 썰시마리틴이 있음을 확인한 바 있다.

임실 엉겅퀴에 다량 함유되어 있는 썰시마리틴 성분은 비알코올성 간 손상에 대한 보호 효과를 비롯해서 여성 갱년기, 항당뇨, 췌장세포 보호효과, 혈행개선 효과 등 다양한 분야에서 뚜렷한 효능이 있음을 연구결과를 통해서 규명했으며 현재 진행되고 있는 다양한 연구에서도 썰시마리틴의 우수한 효능이 계속 밝혀지고 있는 매우 흥미로운 물질이다.

한국 엉겅퀴 종류별 추출물의 생리활성 물질 분석결과
Contents of compounds 1-3 in the MeOH Extracts of Selected Korean Thistles

Sample		Content(mg/g extract)	
종류 및 채취 시기	학명	Cirsimaritin(1)	Hispidulin(2)
임실 엉겅퀴(봄 채취)	*C. japonicum var maackii*	79.73 ± 0.10	3.31 ± 0.01
정영 엉겅퀴(봄 채취)	*C. chanroenicum*	ND	ND
지느러미 엉겅퀴(봄 채취)	*Carduus crispus*	ND	ND
물 엉겅퀴 (봄 채취)	*C. nipponiccum*	ND	ND
고려 엉겅퀴(봄 채취)	*C. setidens*	ND	ND

자료출처: 생명공학연구원

※ 용어의 한글 표기는 학명의 경우 라틴어나 그리스어로 표기하는 것이 관례로 'cir'은 '키르' 또는 '시르'로 발음하는 것이 맞지만 영문 표기임을 감안해 '썰'로 발음해 학명을 사용하며 Cirsimaritin의 한글 표현도 '썰시마리틴'으로 통일하고자 한다.

제 1 장

임실엉경퀴는 무엇인가

1. 엉경퀴는 세계적으로 200여 종류가 있으며, 한국는 20여 종류가 있다

엉경퀴는 전 세계적으로 약 200여 종류가 있는 것으로 알려져 있다. 그중에서 제일 잘 알려진 엉경퀴 종류는 밀크시슬이며 밀크시슬의 대표적인 생리활성 물질은 실리마린류로서 우리나라에도 99% 이상 수입된 원료로 매년 수백억 원 규모의 밀크시슬 관련 제품 시장이 형성돼 있다.

우리나라에 자생하고 있는 엉경퀴 종류는 20여 종류가 있으며 이를 살펴보면 한라산 높은 곳에 자생하는 가시 엉경퀴, 섬이나 해변 지역에 주로 자생하는 바늘 엉경퀴, 울릉도의 물 엉경퀴, 강원도 지역에 주로 있는 고려 엉경퀴, 전국적으로 분포되어 있는 지느러미 엉경퀴와 임실에서 재배하고 있는 임실 엉경퀴 등이 있다.

• 임실엉경퀴와 밀크시슬 외형비교

| 한국토종 임실엉경퀴 꽃 | 밀크시슬 꽃 |

한국토종 임실엉겅퀴 잎   밀크시슬 잎

2. 국내 최초로 재배법을 정립한 임실 엉겅퀴(대계)

　필자가 국내 최초로 재배법 정립에 성공한 엉겅퀴는 중산간 지역인 임실 지역의 산야에 자생하는 여러 엉겅퀴 종류 중 전통의약으로 주로 이용되어 왔던 대표적인 품종으로서 토종 엉겅퀴, 즉 한약명으로 대계라고 불리는 엉겅퀴[2]다.

　이 엉겅퀴의 특징은 재배지의 조건, 특히 재배지의 고도에 따라서 엉겅퀴의 생리활성 물질(기능성 성분) 함유량이 매우 크게 차이가 남을 알 수 있다. 예를 들어 해발 150m와 350m 지역에서 재배되는 임실 엉겅퀴의 동일한 부위를 동일한 시기에 채취해 대표적인 생리활성 물질인 썰시마리틴 성분의 함유량을 분석한 결과, 해발 150m 지역에서 생산한 엉겅퀴에서 약 35% 이상 높게 함유되어 있음을 알 수 있었다.

　즉, 임실 엉겅퀴의 대표적인 유효물질인 썰시마리틴((Cirsimaritin))이 제일 풍부하게 생성되는 최적의 재배 적지는 해발 150m 안팎의 지대로 밝혀졌다.

---

2)　엉겅퀴(대계): 학명은 *Cirsium japonicum* var. *ussuriense* 또는 이명으로 *Cirsium japonicum* var. *maackii* (Maxim.) Matsum.

이러한 연구 결과에 따르면 같은 종류의 엉겅퀴일지라도 재배 적지가 매우 중요하며 정립된 재배 방법과 이용 부위별 채취 시기가 정확해야 원료가 표준화된 성분이 풍부한 양질의 좋은 엉겅퀴를 생산할 수 있음을 알 수 있다.

필자는 이러한 연구결과를 토대로 유효성분이 강화된 엉겅퀴 재배법으로 특허를 등록했다.

3. 임실엉겅퀴에는 썰시마리틴(cirsimaritin)이 있다.

지금까지의 여러 논문이나 생약 감별집에 의하면 엉겅퀴에는 다양한 성분 중 펙톨리나린((Pectolinarin))이 함유되어 있는 것으로 알려져 있다. 하지만 임실 엉겅퀴를 재배하고 원료를 표준화하는 과정에서 분석한 결과에 의하면 임실 엉겅퀴에는 펙톨리나린이 분석되지 않고 그 대신 썰리마리틴이 풍부하게 함유되

엉겅퀴 재배법 특허

임실엉겅퀴 학명 동정

어 있는 것으로 밝혀졌다.

썰시마리틴((Cirsimaritin)) 성분은 국내·외의 다른 엉겅퀴에서는 거의 분석되지 않는 성분으로서 국내의 다른 약용식물에서도 보이지 않는 특이한 성분이다.

그간 임실 엉겅퀴를 연구하는 과정에서 밝혀진 썰시마르틴의 효능으로는 간기능 보호, 췌장세포 보호, 여성 갱년기, 당뇨 등이 있으며 지속적인 연구를 통해 임실 엉겅퀴의 썰시마리틴 성분의 효능을 밝혀가는 과정에 있다.

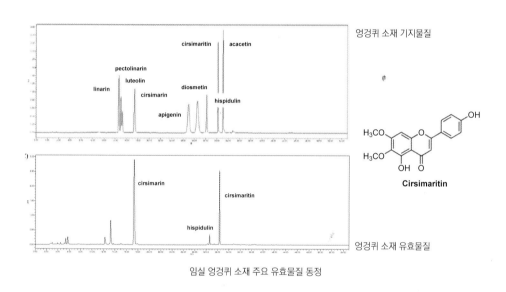

임실 엉겅퀴 소재 주요 유효물질 동정

4. 임실엉겅퀴의 전통의학적 가치와 현대 과학적 연구

엉겅퀴((대계))는 우리 민족의 전통의약으로 널리 사용해 온 민간의약이다. 이에 필자는 엉겅퀴의 전통의약적 효능을 과학적으로 증명해 왔으며 엉겅퀴의 새로운 가치를 연구해 구명하는 일을 하고 있다

전통적으로 엉겅퀴는 어혈을 풀리게 하고 혈액순환과 신경통, 관절염에 주로 사용해 왔고 한의학적으로는 『동의보감((東醫寶鑑))』, 『방약합편((方藥合編))』,

『본초강목((本草綱目))』, 『신농본초경((神農本草經))』 등에 수록되어 있고, 우리나라 공정서에는 『대한약전외한약(생약)규격집』 제4개정판 이후부터 수재가 되어 있으며, 현대과학적 연구를 통해 새롭게 밝혀진 효능으로는 대사성 질환, 당뇨, 췌장세포 보호효과, 여성 갱년기 등등의 분야가 있다.

이에 이제까지 연구해 발표한 논문의 주요 핵심 결과를 분야별로 나누어 소개하고자 한다.

전통 엉겅퀴 뿌리 두름

『본초학本草學』에 소개된 대계(엉겅퀴)

5. 임실엉겅퀴의 수확시기 및 채취 부위에 따른 항산화 및 생리활성물질 분석

① DPPH 및 ABTS radical scavenging activity
- 수확 시기 및 채취 부위에 따라 엉겅퀴 시료를 나눠 항산화 활성을 측정한 결과, 일정한 수확 시기, 채취 부위에 따라 활성 차이를 나타냄.

표. 엉겅퀴 수확시기 및 채취부위에 따른 DPPH 및 ABTS radical scavenging activity

Samples	DPPH radical scavenging activity (%)	ABTS radical scavenging activity (%)
LG-1	82.4 ± 0.0	97.5 ± 0.0
LG-2	79.3 ± 0.0	98.5 ± 0.0
LG-3	62.8 ± 0.1	91.6 ± 0.0
LG-4	75.6 ± 0.0	98.8 ± 0.0
LG-5	73.9 ± 0.0	97.5 ± 0.0
LG-6	69.8 ± 0.1	96.7 ± 0.0
LG-7	75.8 ± 0.0	98.5 ± 0.0
LG-8	67.9 ± 0.1	92.0 ± 0.0
LG-9	45.6 ± 0.1	74.5 ± 0.0
LG-10	21.5 ± 0.1	45.8 ± 0.0
LG-11	23.1 ± 0.1	55.9 ± 0.0
LG-12	65.5 ± 0.1	88.1 ± 0.0
LG-13	68.0 ± 0.1	88.0 ± 0.0
LG-14	57.8 ± 0.0	77.8 ± 0.0
LP-1	82.9 ± 0.0	98.2 ± 0.0
LP-2	79.5 ± 0.0	96.6 ± 0.0
LP-3	71.6 ± 0.1	97.3 ± 0.0
LP-4	74.2 ± 0.0	97.3 ± 0.0
LP-5	76.0 ± 0.0	99.0 ± 0.0
LP-6	70.7 ± 0.0	95.6 ± 0.0
LP-7	76.8 ± 0.0	98.9 ± 0.0
LP-8	74.3 ± 0.0	96.9 ± 0.0
LP-9	34.2 ± 0.1	61.3 ± 0.0
LP-10	60.9 ± 0.1	83.7 ± 0.0
LP-11	54.2 ± 0.1	82.9 ± 0.0
LP-12	77.1 ± 0.0	94.3 ± 0.0
LP-13	79.8 ± 0.0	98.4 ± 0.0
LP-14	77.8 ± 0.0	96.8 ± 0.0
F-1	36.5 ± 0.0	66.7 ± 0.0
F-2	39.5 ± 0.1	73.1 ± 0.0
F-3	19.1 ± 0.1	45.1 ± 0.0

F-4	36.0 ± 0.2	54.2 ± 0.0
F-5	53.3 ± 0.1	79.1 ± 0.0
F-6	29.3 ± 0.0	50.2 ± 0.0
FL-1	48.3 ± 0.1	72.5 ± 0.0
S-1	14.5 ± 0.1	61.6 ± 0.0
S-2	50.7 ± 0.1	64.1 ± 0.0
S-3	64.3 ± 0.1	88.9 ± 0.0
S-4	60.2 ± 0.1	72.7 ± 0.0
S-5	46.8 ± 0.2	75.9 ± 0.0
R-1	12.7 ± 0.1	24.2 ± 0.0
R-2	23.8 ± 0.1	32.5 ± 0.0

② 임실 엉겅퀴 수확시기 및 채취 부위에 따른 총 폴리페놀 및 총 플라보노이드 함량

 – 항산화 활성과 마찬가지로 수확 시기, 채취 부위에 따라 총폴리페놀과 총 플라보노이드 함량이 변화하는 경향을 확인함.

표. 엉겅퀴 수확시기 및 채취부위에 따른 총페놀 및 총플라보노이드 함량

Samples	Total polyphenols(mg/g)	Total flavonids(mg/g)
LG-1	17.99 ± 0.4	1.70 ± 0.1
LG-2	18.95 ± 0.1	2.11 ± 0.0
LG-3	13.18 ± 0.3	1.64 ± 0.1
LG-4	19.64 ± 0.1	1.82 ± 0.2
LG-5	15.59 ± 0.4	1.40 ± 0.1
LG-6	14.76 ± 0.5	1.37 ± 0.0
LG-7	17.57 ± 0.5	1.33 ± 0.1
LG-8	13.26 ± 0.5	1.08 ± 0.0
LG-9	9.10 ± 0.2	0.92 ± 0.0
LG-10	4.84 ± 0.1	0.39 ± 0.0
LG-11	5.89 ± 0.1	0.60 ± 0.0
LG-12	11.97 ± 0.3	1.12 ± 0.0
LG-13	12.85 ± 0.3	1.17 ± 0.1
LG-14	10.64 ± 0.2	1.10 ± 0.0
LP-1	21.74 ± 0.4	2.46 ± 0.1
LP-2	16.87 ± 0.5	1.55 ± 0.0
LP-3	17.64 ± 0.7	2.09 ± 0.0
LP-4	18.10 ± 0.7	2.18 ± .01
LP-5	21.31 ± 0.7	1.97 ± 0.0
LP-6	14.74 ± 0.6	1.53 ± 0.1
LP-7	21.13 ± 0.9	1.96 ± 0.0

LP-8	16.74 ± 0.6	1.71 ± 0.0
LP-9	7.34 ± 0.2	0.76 ± 0.1
LP-10	11.72 ± 0.2	1.40 ± 0.1
LP-11	10.79 ± 0.4	1.41 ± 0.0
LP-12	14.82 ± 0.4	1.34 ± 0.0
LP-13	19.16 ± 0.4	1.80 ± 0.1
LP-14	15.37 ± 0.2	1.77 ± 0.1
F-1	9.37 ± 0.2	0.86 ± 0.1
F-2	9.96 ± 0.5	1.20 ± 0.1
F-3	8.31 ± 0.1	0.52 ± 0.1
F-4	8.82 ± 0.1	0.69 ± 0.1
F-5	10.31 ± 0.1	1.03 ± 0.1
F-6	8.64 ± 0.0	0.55 ± 0.0
FL-1	9.85 ± 0.2	1.44 ± 0.0
S-1	8.76 ± 0.1	1.94 ± 0.1
S-2	9.61 ± 0.2	0.88 ± 0.1
S-3	10.93 ± 0.3	1.40 ± 0.0
S-4	10.09 ± 0.3	1.13 ± 0.1
S-5	10.47 ± 0.3	1.23 ± 0.0
R-1	7.47 ± 0.0	0.11 ± 0.0
R-2	8.05 ± 0.4	0.07 ± 0.0

*총폴리페놀: 4.84~9.10mg/g, 총플라보노이드: 0.39~0.92mg/g

③ 임실엉겅퀴 수확시기 및 채취부위별 생리활성물질 함량

- 엉겅퀴 수확 시기 및 채취 부위에 따라 생리활성 물질 Cirsimaritin, Cirsimarin, Hispidulin 7-Glucoside가 다른 성분들의 함유량 대비 상대적으로 주요성분인 것으로 확인함.

표. 엉겅퀴 수확시기 및 채취부위별 생리활성물질 함량

Samples	1	2	3	4	5	6	7	8	9	10
LG-1	5.92	0.31	45.25	0.4	0.6	0.09	0.51	0.21	0.12	0.39
LG-2	7.45	N.C.	46.86	0.47	0.4	0.07	0.52	0.16	0.11	0.42
LG-3	16.53	0.11	48.2	1.05	0.46	0.05	1.31	0.11	0.17	0.17
LG-4	16.93	N.C.	55.95	1.02	2.09	0.08	1.21	0.19	0.24	0.17
LG-5	7.54	0.28	49.07	0.46	0.3	0.04	0.56	0.09	0.09	0.43
LG-6	10.99	N.C.	46.88	0.95	0.43	0.04	1.18	0.09	0.25	0.13
LG-7	6.65	N.C.	57.18	0.6	0.79	0.04	0.72	0.21	0.32	0.62
LG-8	5.77	N.C.	52.4	0.62	1.36	0.05	0.78	0.12	0.41	0.63
LG-9	4.6	N.C.	47.53	0.54	1.46	0.09	0.66	0.21	0.45	0.58

LG-10	5.59	N.C.	52.5	0.8	1.82	0.06	1.04	0.12	0.87	0.75
LG-11	5.46	0.02	45.92	0.6	6.46	0.03	0.8	0.08	1.21	0.1
LG-12	7.92	0	49.12	0.78	13.36	0.05	0.98	0.13	0.41	0.12
LG-13	6.78	0.57	46.68	0.79	1.28	0.05	0.98	0.1	0.44	0.83
LG-14	5.79	0.53	49.96	1.26	2.21	0.03	1.52	0.1	1.08	1.22
LP-1	9.63	0.6	51.01	0.65	1.71	0.11	0.8	0.27	0.17	0.14
LP-2	7.75	0.27	49.11	0.38	0.14	0.1	0.44	0.25	0.1	0.39
LP-3	18.47	0.51	45.82	1.15	0.23	0.05	1.46	0.12	0.23	0.13
LP-4	26.39	N.C.	55.26	1.61	5.89	0.09	2.05	0.22	0.44	0.42
LP-5	7.62	N.C.	48.47	0.45	1.49	0.05	0.55	0.12	0.16	0.42
LP-6	10.62	N.C.	55.84	0.76	0.59	0.07	0.91	0.16	0.2	0.18
LP-7	6.42	N.C.	55.81	0.59	1.7	0.06	0.75	0.21	0.42	0.58
LP-8	6.76	N.C.	54.74	0.89	1.98	0.04	1.12	0.14	0.62	0.83
LP-9	4.77	0.2	46.22	0.5	1.04	0.02	0.6	0.04	0.43	0.11
LP-10	4.82	0.3	47.84	0.88	1.62	0.05	1.12	0.17	0.86	0.84
LP-11	4.93	0.41	45.98	0.77	2.83	0.03	0.91	0.07	1.06	0.75
LP-12	6.97	1.17	52.06	0.83	1.51	0.04	1.05	0.12	0.58	0.11
LP-13	4.8	0.48	49.88	0.89	1.66	0.04	1.17	0.09	0.58	0.93
LP-14	5.68	0.4	47.43	1.02	0.15	N.C.	0.14	0.12	1.29	0.16
F-1	4.59	0.35	25.77	0.25	0.21	0.05	0.31	0.11	0.09	0.26
F-2	6.1	0.04	26.32	0.37	0.15	0.05	0.42	0.12	0.1	0.12
F-3	32.53	0.24	37.68	1.97	0.07	0.06	2.5	0.15	0.33	0.54
F-4	5.1	0.77	56.14	0.32	0.13	0.08	0.37	0.19	0.45	0.29
F-5	18.33	0.32	53.61	0.98	0.15	0.04	1.22	0.09	0.13	0.93
F-6	5.61	0.65	51.07	0.24	0.16	0.11	0.31	0.26	0.11	0.27
FL-1	2.94	0.2	6.66	1.14	7.13	0.26	7.88	0.22	11.47	0.2
S-1	27.93	0.13	49.27	2.33	0.09	0.06	2.92	0.14	0.36	0.53
S-2	12.75	0.37	44.52	0.66	0.12	N.C.	0.83	N.C.	0.09	0.63
S-3	11.48	0.63	46.72	0.76	0.17	N.C.	0.94	N.C.	0.13	0.14
S-4	6.24	0.57	29.97	0.27	0.13	0.05	0.37	0.11	0.11	0.32
S-5	24.68	0.33	20.2	1.31	0.16	0.04	1.63	0.1	0.18	0.21
R-1	0.58	0.23	5.3	0.07	0.8	N.C.	0.07	N.C.	0.09	N.C.
R-2	0.47	0.84	1.31	0.07	0.07	N.C.	0.09	N.C.	0.1	N.C.

Compound number : 1-cirsimaritin, 2-taxifolin, 3-cirsimarin, 4-isosilybin A+B, 5-hispidulin 7-glucoside, 6-hispidulin, 7-luteolin, 8-quercetin, 9-apigenin, 10-kaempferol.
N.C. : not calculated

6. 임실 엉겅퀴 원물의 영양성분

- 엉겅퀴의 열량은 233~264 kcal/100g으로 엉겅퀴꽃이 가장 높은 열량을 나타냄
- 공통적으로 칼륨, 칼슘이 다량 함유되어 있으며 잎이 뿌리, 꽃 대비 높은

함량을 보임

- 비타민 B6, E, A는 모든 엉겅퀴 시료에서 검출되었으며 계절 및 부위에 따라 큰 차이를 나타냄. 비타민 B6는 여름(0.0436mg), 비타민 E는 가을(4.67mg), 비타민 A는 뿌리(7590.96ugRE)에서 가장 높은 함량을 보임(100g 당)

- 비타민 B1, C, D는 검출되지 않았고, 나이아신은 뿌리와 꽃, 엽산은 잎에서만 나타남

- 그 외에도 엉겅퀴에는 인, 마그네슘, 아연, 셀레늄, 구리, 망간, 크롬 등 다양한 무기물들이 존재하였음

표. 계절, 부위에 따른 엉겅퀴의 영양성분

시험 검사항목	엉겅퀴여름	엉겅퀴가을	엉겅퀴봄	엉겅퀴뿌리	엉겅퀴꽃
열량(kcal/100g)	233	245	239	259	264
수분(g/100g)	8.8	8.17	9.74	9.14	4.99
회분(g/100g)	16.59	15.88	14.34	9.49	6.03
조단백질(g/100g)	19.27	12.3	22.67	8.59	12.41
탄수화물(g/100g)	51.51	59.01	49.19	70.93	71.36
당류(g/100g)	0.6	1.49	0.32	1.44	3.35
조지방(g/100g)	3.84	4.63	4.06	1.85	5.21
포화지방 (g/100g)	0.32	0.27	0.29	0.25	0.57
트랜스지방(g/100g)	0	0	0	0	0.01
콜레스테롤 (g/100g)	0	0	0	0	0
나트륨(mg/100g)	8.84	9.13	4.18	5.34	5.05
식이섬유(g/100g)	42.27	40.99	42.5	38.04	59.06
칼슘(mg/100g)	1401.38	1919.7	1301.12	477.54	1042.14
칼륨(mg/100g)	5859.99	4058.67	3869.21	843.73	1079.56
비타민B1 (mg/100g)	0	0	0	0	0
비타민B6 (mg/100g)	0.0436	0.0191	0.1373	0.0101	0.0392
비타민C (mg/100g)	0	0	0	0	0
비타민D (ug/100g)	0	0	0	0	0
비타민E (mg/100g)	1.94	4.67	1.09	0.59	3.66
비타민A (ugRE/100g)	1275.34	2919.7	83.61	7590.96	423.19
나이아신 (mg/100g)	0	0	0	2.08	9.36
엽산(ug/100g)	4566.7	10983.15	983.13	0	0

인(mg/100g)	890.01	977.44	490.11	2406.79	1423.92
마그네슘(mg/100g)	300.42	276.79	176.21	288.21	254.19
아연(mg/100g)	5.67	5.94	15.87	2.32	4.24
세렐늄(mg/100g)	0.01	0.01	0	0.02	0
구리(mg/100g)	0.63	0.52	1.13	2.01	1.19
망간(mg/100g)	5.63	10.33	12.82	13.1	17.07
크롬(mg/100g)	0.01	0.01	0.01	0.11	0.01

7. 임실엉겅퀴 재배과정의 이모저모

엉겅퀴 농장에 사용할 EM 퇴비 발효시키는 모습

엉겅퀴 포트 육묘장

흑색 부직포 멀칭 직파 재배농장

엉겅퀴 재배농장

10월에 수확한 엉겅퀴 뿌리를 건조하는 모습	임실 엉겅퀴 육종 연구 시험 포장

8. 임실엉겅퀴 자생지 복원 사업

    자연 생태계의 변화와 무분별한 남획으로 말미암아 자생산지에서 토종 엉겅 퀴가 소멸되고 있음에 이를 복원하고자 하는 시도로 자생지에 엉겅퀴 종자 파 종 행사를 지역주민들과 함께했다.

엉겅퀴 자생지 복원 대책회의(2013년 11월 20일)	임실 엉겅퀴 자생지 복원 사업 운동(2013년 12월 5일)

엉겅퀴 종자를 산에 파종하는 모습

발아한 엉겅퀴 씨앗

자생지 복원 사업으로 자라난 엉겅퀴

"멸종위기 토종엉겅퀴 우리 손으로 복원합니다"

임실군 지사면·산악회·십이연주권역 회원 동참 선언

멸종위기종으로 알려진 토종엉겅퀴
의 자생군락지 복원을 위해 일선 행정
공사회단체, 주민들이 뜻을 모았다.

임실군 지사면(면장 조태웅)과 지
사산악회(회장 이명기), 십이연주권
역(운영위원장 최경윤) 등 회원들은 5
일 하월을 걸고 토종엉겅퀴 복원사업
에 적극 동참을 선언했다.

이들의 목표는 지사면 먼대산 일대
위아 33만㎡에 엉겅퀴 파종사업 봉사
활동을 닦시, 지역에 명품 농산물로 육
성한다는 계획이다.

이를 위해 국내 최초로 엉겅퀴 재배
에 성공한 임실생약(대표 심재서)은
3000만원 상당의 토종엉겅퀴 종자를
무상으로 제공, 주민들의 사업에 적극
협조할 것을 약속했다.

토종엉겅퀴는 민간 한방의약으로서
예로부터 관절염과 신경통에 특효가
있는 것으로 알려졌으며 최근에는 간
질환 치유효능 성분이 함유됨에 따라

세계적으로 널리 사용되고 있다.

또 고지혈증과 혈행 개선 등 미용분
게 해소하는 성분이 다량으로 함유, 농촌
지역 약용작물 재배에 부가가치가 높
은 것으로 전해졌다.

주민들은 전체 100만㎡의 엉겅퀴 자
생군락지 사업을 목표로 삼고 2년내에
조성작업을 완료, 체험단지 구축까지

공상품 연계 등 주민소득 향상에 앞장
서기로 했다.

조태웅 면장은 "토종엉겅퀴의 효능
은 이미 전 세계에 잘 알려졌다"며 "체
험단지 조성을 통해서 임실이 명품을
못 거둬나도록 지원에 힘을 것"이라고
말했다.

임실·박정우기자 jwpark4333@

임실군 사회단체, 주민들이 토종엉겅퀴 자생군락지 복원을 위해 협조를 약속했다.

언론에 소개된 임실 엉겅퀴 자생지 복원 사업 운동

제2장

임실엉겅퀴의 과학적 연구

가. 한국 토종 임실엉겅퀴(대계)는 간 기능 보호에 탁월한 효능이 있다.

나. 엉겅퀴는 혈전을 풀어주고 혈액순환을 원활하게 한다.

다. 엉겅퀴(대계) 관절염의 효능 과학적 근거 밝혀졌다.

라. 엉겅퀴 추출물 여성 갱년기장애 개선에 효과있다.

마. 엉겅퀴 추출물의 암 관련 연구

바. 엉겅퀴 추출물이 항당뇨에 효과적이다.

사. 엉겅퀴 추출물이 뇌 신경세포 보호에 효과 있다.

아. 엉겅퀴는 강력한 천연 항산화제이다.

자. 엉겅퀴 추출물 항 비만에 효과 있다.

임실엉겅퀴의 과학적 연구

가. 한국 토종 임실엉겅퀴(대계)는 간 기능 보호에 탁월한 효능이 있다

1. 한국 토종엉겅퀴(대계)와 밀크씨슬의 비교

이제까지 전 세계적으로 200여 종류의 엉겅퀴 중 간 기능 보호에 널리 쓰이고 있는 엉겅퀴 종류는 밀크시슬이다. 그러나 한국 토종 엉겅퀴에 대한 간 기능 보호 효과는 제대로 구명되지 못했고 밀크씨슬 추출물을 99% 수입에 의존해 간 질환 치료나 보호를 위한 건강식품 원료로 사용해 왔다.

이에 필자는 우리나라 지방간 환자들의 70%를 차지하고 있는 비알코올성 지방간과 간 손상 보호효과에 한국 토종 엉겅퀴((대계))와 수입에 의존하는 밀크씨슬의 비교연구를 통해서 우리 토종 엉겅퀴의 우수성을 밝혀냈다.

고지방식이 유발 대사기능 장애 관련 지방간 질환 생쥐 모델에서 엉겅퀴 추출물과 주성분 썰시마리틴의 개선효과를 연구한 지표에 따르면 엉겅퀴((대계)) 추출물과 엉겅퀴의 주요 핵심 성분인 썰시마리틴((Cirsimaritan))이 비교 대조군인 밀크시슬 추출물보다 중성지방 억제효과, AST 감소효과, 지질과산화물MDA(지질과산화물) 감소효과, 지방간염 개선효능, 염증인자 감소효과 등에서 밀크시슬보다 유의적으로 좋은 결과가 나타났으며 GOT, GPT 개선효과 등은 밀크시슬과 유사한 효능을 보이는 연구결과가 나왔다.

이로써 한국 토종 임실 엉겅퀴의 간 기능 보호에 대한 우수성이 제대로 밝혀진 것이다. 이러한 연구결과는 SCI급 국제 학술지에 게재됐다.

표. 임실엉겅퀴 & 밀크씨슬연구 비교 결과표

연구 구분	임실 엉겅퀴	엉겅퀴 성분 Cirsimaritin	밀크씨슬
중성지방 개선효과	개선효과 우수	개선효과 우수	엉겅퀴와 개똥쑥보다 효과가 미비
엉겅퀴추출물의 지방간염개선 효능 평가	개선효과 우수	개선효과 우수	개선효과 우수
비알콜성 지방간 세포모델에서 Cirsimaritin의 간세포 내 중성지방 억제 효과	억제효과 우수	억제효과 우수	억제효과 있음
엉겅퀴 주성분 cirsimaritin의 혈중 중성지방 및 간기능 개선 지표 측정 결과	총 중성지방 GOT, GPT 감소	총 중성지방, GOT, GPT 감소	총 중성지방 GOT, GPT 감소
지방간염 관련 염증인자 발현 분석 결과	억제효과 우수	억제효과 우수	억제효과 우수

(연구결과 요약표)

1-1 : 엉겅퀴 추출물의 지방간염 개선 효능 평가

① 체중 증가, 간 및 부고환 지방 무게 측정 결과

㉮ 엉겅퀴 추출물이 고지방식이에 의한 체중 증가 및 조직 무게에 미치는 효과를 확인한 결과, 표 13에 나타난 바와 같이 고지방식이에 의해 마우스의 체중이 증가하는 것을 확인했고, 엉겅퀴 추출물 투여에 의해 체중의 증가량이 감소했음.

㉯ 간 조직 및 부고환 지방 조직의 무게 또한 추출물 투여에 의해 감소하는 것을 확인했음.

표. 체중, 간 및 부고환 지방 억제에 대한 엉겅퀴추출물의 효과

Parameter	정상군	고지방식이	CJE 50mg/kg	CJE 100mg/kg	CJE 200mg/kg	MT 100mg/kg
Initial body weight (g)	23.65±1.83a	23.64±1.04a	23.05±1.06a	23.42±0.84a	23.05±1.13a	22.65±2.00a
Final body weight (g)	34.92±1.06c	49.33±1.74a	46.46±2.62b	46.45±2.89b	45.97±2.60b	45.88±1.29b
Weight Gain (g)	11.27±1.33c	25.70±0.92a	23.41±3.04ab	23.03±1.41b	22.92±1.98b	23.23±1.41b
Liver weight (g)	1.10±0.12c	2.18±0.34a	1.75±0.37ab	1.74±0.20b	1.68±0.29b	1.70±0.31b
Epididymal adipose weight (g)	1.45±0.34b	2.47±0.54a	1.74±0.45b	1.51±0.22b	1.70±0.44b	1.80±0.39b

*CJE (엉겅퀴 추출물); MT(밀크시슬 추출물).

② 엉겅퀴 추출물의 혈중 중성지방 및 간기능 개선 지표 측정 결과

㉮ 엉겅퀴 추출물이 고지방식이 동물모델의 혈중 중성지방의 함량에 미치는 영향을 확인한 결과, 고지방식이에 의해 증가한 총중성지방의 함량은 엉겅퀴 추출물 투여에 의해 감소했음.

㉯ 또한 고지방식이 동물모델의 간 기능 개선에 미치는 영향을 확인하고자 혈중 GOT 및 GPT의 함량을 분석한 결과, 고지방식이에 의해 증가한 GOT 및 GPT는 엉겅퀴 추출물 투여에 의해 감소했음.

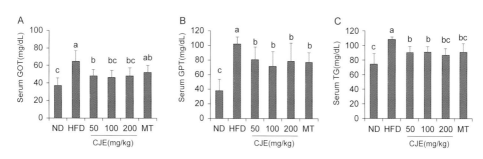

동물모델에서 중성지방 및 간기능 개선 지표에 대한 엉겅퀴추출물의 효과.
*ND : 정상군, HFD : 고지방식이군, CJE : 엉겅퀴추출물, MT : 밀크시슬 추출물.

③ 엉겅퀴추출물의 간 및 지방 조직 분석 결과

㉮ 엉겅퀴 추출물이 고지방식이 동물모델의 간 조직 및 지방 조직에 미치는 영향을 병리학적으로 확인했음. 적출한 간 조직을 H&E 염색해 100배율로 관찰한 결과, 고지방식이에 의해 간 조직 내 증가한 지방 함량이 엉겅퀴 추출물 투여 시 감소하는 것을 확인할 수 있었음.

㉯ 또한 지방 조직을 H&E 염색해 100배율로 관찰한 결과, 고지방식이에 의해 비대해진 지방 조직이 엉겅퀴 추출물 투여 시 크기가 작아지는 것을 확인할 수 있었음.

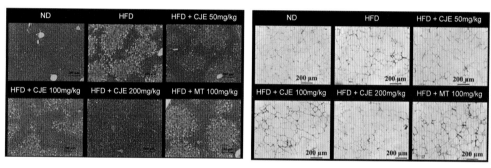

동물모델에서 간 및 지방 조직의 병리학적인 변화에 대한 엉겅퀴 추출물 효과
*ND : 정상군, HFD : 고지방식이군, CJE : 엉겅퀴추출물, MT : 밀크시슬 추출물

④ 엉겅퀴 추출물의 간 조직의 생화학적 분석 결과

㉮ 엉겅퀴 추출물이 고지방식이 동물모델 간에서 과산화 반응을 알아보기 위해 MDA 농도를 측정한 결과, 고지방식이에 의해 증가한 MDA 함량은 엉겅퀴 추출물 투여에 의해 감소했음.

㉯ 또한 간 내 항산화효소인 Catalase 활성을 분석한 결과, 고지방식이에 의해 감소한 효소 활성이 엉겅퀴 추출물 투여 시 증가했음.

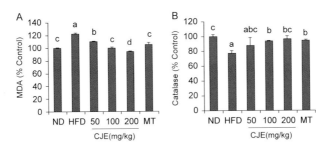

동물모델 간 조직에서 지질과산화 및 Catalase 변화에 대한 엉겅퀴 추출물 효과

*ND : 정상군, HFD : 고지방식이군, CJE : 엉겅퀴추출물, MT : 밀크시슬 추출물.

⑤ 엉겅퀴 추출물의 지방간염 관련 염증인자 발현 분석 결과

㉮ 엉겅퀴 추출물이 고지방식이 동물모델 간에서 지방간염 관련 염증
인자의 발현에 대한 변화를 확인한 결과, 간 조직에서 고지방식이
에 의해 증가한 IL-17, INOS, Cox-2의 발현량이 엉겅퀴 추출물
투여에 의해 감소하는 것을 확인했음.

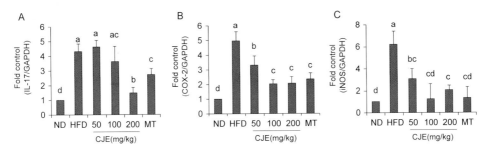

동물모델 간 조직에서 IL-17, iNOS, COX-2의 발현 변화에 대한 엉겅퀴 추출물의 효과

*ND : 정상군, HFD : 고지방식이군, CJE : 엉겅퀴추출물, MT : 밀크시슬 추출물.

1-2 : 임실엉겅퀴 주성분 cirsimaritin의 지방간염 개선 효능 평가

① 체중 증가, 간 및 부고환 지방 무게 측정 결과

㉮ 엉겅퀴 주성분인 Cirsimaritin이 고지방식이에 의한 체중 증가 및
조직 무게에 미치는 효과를 확인한 결과, 표14에 나타난 바와 같

이 고지방식이에 의해 마우스의 체중이 증가하는 것을 확인했고 Cirsimaritin 투여에 의해 체중 증가량이 감소했음.

㉯ 간 조직 및 부고환 지방 조직의 무게 또한 Cirsimaritin 투여에 의해 감소하는 것을 확인했음.

표. 체중, 간 및 부고환 지방 억제에 대한 cirsimaritin의 효과

Group	정상군	고지방식이	Cir 0.5mg/kg	Cir 1mg/kg	MT 100mg/kg
Initial body weight (g)	24.07±1.45a	23.50±0.96a	23.52±0.81a	23.06±0.83a	22.90±0.98a
Final body weight (g)	35.11±1.10c	49.33±1.74a	47.29±1.43ab	46.41±1.58b	46.77±1.60b
Weight Gain (g)	11.04±2.10c	25.83±0.90a	23.77±0.75b	23.34±0.96b	23.40±1.01b
Liver weight (g)	1.12±0.07c	2.26±0.34a	1.85±0.28ab	1.87±0.07ab	1.79±0.23b
Epididymal adipose weight (g)	1.47±0.15b	2.47±0.62a	1.67±0.23b	1.53±0.17b	1.66±0.23b

*Cir: 엉겅퀴 주성분 Cirsimaritin, MT: 밀크시슬 추출물

② 엉겅퀴 주성분 cirsimaritin의 혈중 중성지방 및 간기능 개선 지표 측정 결과

㉮ Cirsimaritin이 고지방식이 동물모델의 혈중 중성지방의 함량에 미치는 영향을 확인한 결과, 고지방식이에 의해 증가한 총중성지방의 함량은 Cirsimaritin 투여에 의해 감소했음.

㉯ 또한 고지방식이 동물모델의 간 기능 개선에 미치는 영향을 확인하고자 혈중 GOT 및 GPT의 함량을 분석했음. 그 결과, 고지방식이에 의해 증가한 GOT 및 GPT는 Cirsimaritin 투여에 의해 감소했음.

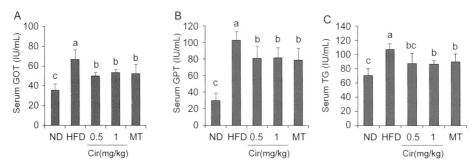

동물모델에서 중성지방 및 간 기능 개선 지표에 대한 Cirsimaritin 효과
*ND : 정상군, HFD : 고지방식이군, Cir : cirsimaritin, MT : 밀크시슬 추출물.

③ cirsimaritin의 간 및 지방 조직 분석 결과

㉮ Cirsimaritin이 고지방식이 동물모델의 간 조직 및 지방 조직에
미치는 영향을 병리학적으로 확인했음. 적출한 간 조직을 H&E 염
색해 100배율로 관찰한 결과, 고지방식이에 의해 간 조직 내 증가
한 지방 함량이 Cirsimaritin 투여 시 감소하는 것을 확인할 수 있
었음.

㉯ 또한 지방 조직을 H&E 염색해 100배율로 관찰한 결과, 고지방식
이에 의해 비대해진 지방 조직이 Cirsimaritin 투여 시 크기가 작
아지는 것을 확인할 수 있었음.

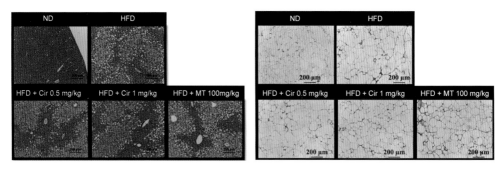

동물모델에서 간 및 지방 조직의 병리학적 변화에 대한 Cirsimaritin 효과
*ND : 정상군, HFD : 고지방식이군, Cir : cirsimaritin, MT : 밀크시슬 추출물.

④ cirsimaritin의 간 조직의 생화학적 분석 결과

　㉮ Cirsimaritin이 고지방식이 동물모델 간에서 중성지방 및 산화 손상에 대한 변화를 확인한 결과, 고지방식이에 의해 증가한 총중성지방의 함량은 Cirsimaritin 투여에 의해 감소했음.

　㉯ 또한 간의 과산화 반응을 알아보기 위해 MDA 농도를 측정했음. 고지방식이에 의해 증가한 MDA 농도는 Cirsimaritin 투여 시 감소했음. 간 내 항산화 효소인 Catalase 활성을 분석한 결과, 고지방식이에 의해 감소한 효소 활성이 Cirsimaritin 투여 시 증가했음.

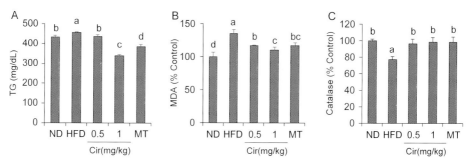

동물모델 간 조직에서 중성지방, 지질과산화 및 Catalase 변화에 대한 Cirsimaritin 효과

*ND : 정상군, HFD : 고지방식이군, Cir : cirsimaritin, MT : 밀크시슬 추출물.

⑤ cirsimaritin의 지방간염 관련 염증인자 발현 분석 결과

　㉮ Cirsimaritin이 고지방식이 동물모델 간에서 지방간염 관련 염증인자의 발현에 대한 변화를 확인한 결과, 간 조직에서 고지방식이에 의해 증가한 IL-17, INOS, Cox-2 발현량이 Cirsimaritin 투여에 의해 감소하는 것을 확인했음.

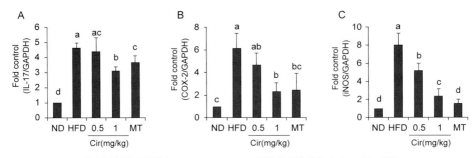

동물모델 간 조직에서 IL-17, INOS, Cox-2 발현 변화에 대한 Cirsimaritin 효과

*ND : 정상군, HFD : 고지방식이군, Cir : cirsimaritin, MT : 밀크시슬 추출물.

논문의 출처 2019년 지역기업 개방형혁신 바우처(R&D) 최종평가 보고서

2. 한국 토종 엉겅퀴(대계), 술 마신 뒤 간 기능 회복에 뛰어난 효과 밝혀졌다

농촌진흥청 원예특작과학원에서는 필자(임실생약)가 제공한 원료표준화가 이루어진 엉겅퀴를 원료로 알코올성 간 손상에 대한 연구를 진행한 바 있다.

연구결과에 의하면 간 기능 손상 마커 중 GOT, GPT를 분석한 결과, 엉겅퀴 단일 추출물이 민들레 단일 추출물보다 우수하며 엉겅퀴와 민들레 4:1 비율 복

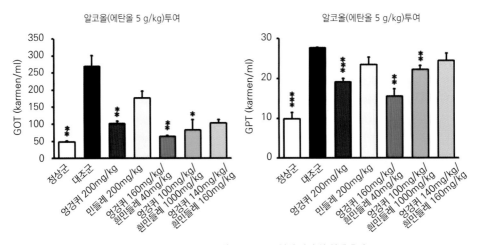

엉겅퀴, 민들레 비교 손상 GOT, GPT 분석 간 손상 억제 효과

*Significance : *$p < 0.05$, **$p < 0.01$, ***$p < 0.001$ vs 알코올 투여 대조군 수치.

합추출물을 처리했을 때 효과적인 감소효과가 있는 것으로 밝혀졌다.

3. 엉겅퀴와 흰민들레 복합조성물, 알코올성 위염 회복 효과 뛰어났다

술을 과다하게 마셨을 때 나타나는 알코올성 위염에 엉겅퀴와 민들레 복합추출물을 투여할 때 정상군과 유사하게 회복시키는 연구결과가 나왔다.

엉겅퀴와 민들레 복합추출물이 알코올성 간 손상뿐만 아니라 알코올성 위염에도 매우 효과가 있는 것으로 밝혀졌다.

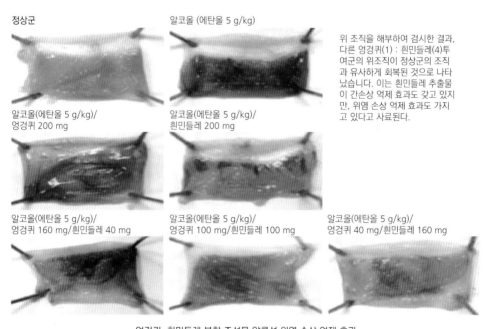

위 조직을 해부하여 검시한 결과, 다른 엉겅퀴(1) : 흰민들레(4)투여군의 위조직이 정상군의 조직과 유사하게 회복된 것으로 나타났습니다. 이는 흰민들레 추출물이 간손상 억제 효과도 갖고 있지만, 위염 손상 억제 효과도 가지고 있다고 사료된다.

엉겅퀴, 흰민들레 복합 조성물 알콜성 위염 손상 억제 효과

4. 술 마시기 전, 엉겅퀴를 마시는 것이 회복에 더욱 효과적일 수 있다

간 손상 동물모델에서의 엉겅퀴 잎 처리에 따른 간 조직학적 관찰결과에 의하면 아세타미노펜으로 간 손상을 유발했을 경우 혈중 내 IgE 발현이 높게 나

타났다. 이에 엉겅퀴 잎(20mg/kg) 전처리 군에서 면역글로블린((IgE))[2]은 현저하게 감소, 간 손상 유도물질을 전처리 이후 엉겅퀴 잎 처리 군에서도 역시 감소함을 확인했다.

이는 술과 같은 간 손상 물질을 음용할 때 엉겅퀴를 음용하고 난 뒤 술을 마시는 것이 간 손상 예방에 더욱 효과적일 수 있다는 연구결과이다.

* IgE(면역글로브린) – 주로 알레기성 반응 및 염증에 관여하는 물질

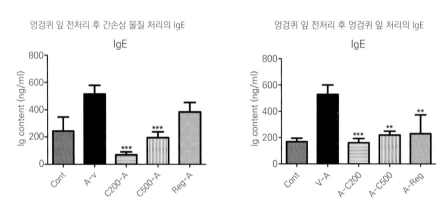

엉겅퀴 잎 추출물의 간 손상 물질 전·후 처리에 대한 간 손상 예방효과

5. 엉겅퀴 추출물, 손상된 간 세포를 개선하고 보호한다

동물실험에서 간 손상을 유발한 후 엉겅퀴 잎(20mg/kg)을 투여하면 혈중 IgE 활성이 억제되며 간세포 증식이 현저하게 증가한다.

또한 간 섬유화도 관찰되지 않음으로 이상의 결과는 아세타미노펜에 의해 손상된 간 조직에서 엉겅퀴 추출물의 생체 내 유효성을 평가해 간 손상 개선제 및 보호제로 사용될 수 있음을 보여준다.

---

2) 면역글로브린(IgE): 주로 알레르기성 반응 및 염증에 관여하는 물질

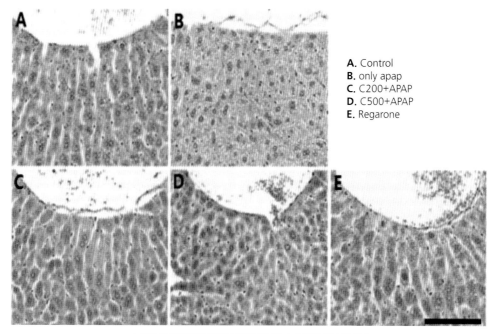

A. Control
B. only apap
C. C200+APAP
D. C500+APAP
E. Regarone

손상된 간 조직에서 엉겅퀴 추출물의 간 손상 개선 및 보호효과

자료의 출처 엉겅퀴 및 흰민들레 전초 추출물을 함유하는 알코올성 간 손상 및 알코올성 위염의 예방, 개선 또는 치료용 조성물(출원번호 : 10-2016-0179611)

6. 엉겅퀴 잎 추출물이 뿌리 추출물보다 간 성상세포 활성 억제에 50배 정도 더 효과적이다

엉겅퀴 추출물의 TGF-beta에 의한 간 성상세포 활성 억제효과 연구에서 LX-Cell에 엉겅퀴 추출물을 농도별로 처리한 뒤 간 손상과 간 섬유화를 유발하는 TGF-β1을 처리해 간 성상세포의 활성에 주요한 지표인 α-SMA((Smooth Muscle Actin))과 세포외기질 관련 유전자인 Type I Collagen((Col-α1(I)))의 mRNA 발현을 관찰했다.

그 결과, TGF-β1만 처리한 군에서는 α-SMA와 Col-α1(I)의 발현이 증가하는 반면 엉겅퀴 잎과 뿌리 추출물을 처리한 실험군에서는 각 유전자의 발현

이 농도가 높아질수록 감소하고 잎 추출물이 뿌리 추출물에 비해 더 낮은 농도
(1ug/㎖)에서부터 유의한 효능을 보였다.

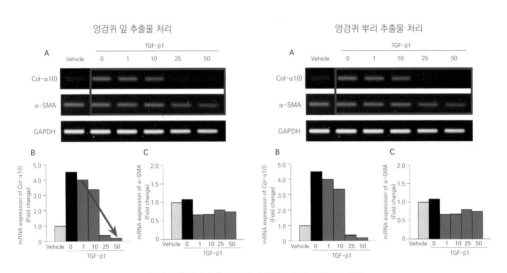

엉겅퀴 잎·뿌리 추출물의 간 성상세포 활성 억제효과 비교

발췌   생약학회지 44(2)110~117(2013)   엉겅퀴 추출물의 기능성분 분석 및 TGF-beta에 의한 간성상세포 활성억제 효과

나. 엉겅퀴는 혈전을 풀어주고 혈액순환을 원활하게 한다

전통적으로 엉겅퀴((대계))는 어혈을 풀어주고 혈액순환을 좋게 한다고 전통
민간약으로 널리 이용해 왔다. 엉겅퀴를 장복하면 혈액순환이 잘되어 손과 발
이 따뜻해진다는 많은 체험사례가 이를 증명하기도 한다.

엉겅퀴의 전통 의학적 효능을 과학적으로 증명하기 위한 연구를 실시한 결
과, 혈액순환과 관련한 많은 효과가 구명되었다. 이러한 연구 결과물들을 소개
하려 한다.

1. 엉겅퀴 추출물 투여하면 혈관과 혈류량이 개선된다

FeCl3((염화 산화철)) 유도 경동맥 혈전 혈관에 대한 엉겅퀴 잎 추출물의 Doppler 효과에서 정상군의 혈관 상태와 혈류는 일정한 상태의 Doppler를 보였지만, FeCl3로 처리해 혈관 손상 및 혈전을 유발한 대조군은 정상군에 비해 Doppler 관찰결과 현저히 억제되는 것을 확인했다. 반면 엉겅퀴 잎 추출물을 경구투여한 군에서는 혈전유발 대조군에 비해 혈관 및 혈류가 개선된 것을 확인했으며 이는 참고약물로 사용한 아스피린 결과와 유사했다.

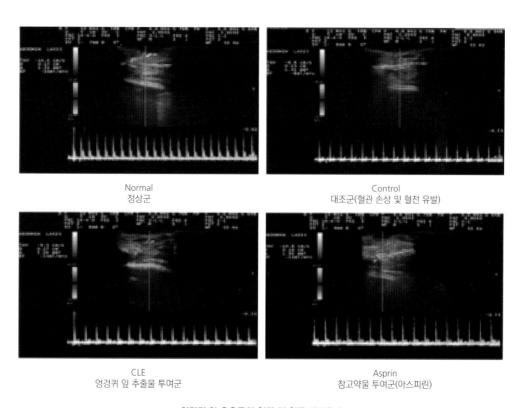

Normal
정상군

Control
대조군(혈관 손상 및 혈전 유발)

CLE
엉겅퀴 잎 추출물 투여군

Asprin
참고약물 투여군(아스피린)

엉겅퀴 잎 추출물의 혈관 및 혈류 개선효과

2. 엉겅퀴 추출물을 투여하면 혈관지름과 혈관 면적이 넓어지고 혈류속도 혈류량이 개선된다

[혈류 속도, 혈관 지름, 혈관 면적, 혈류량에 대한 CLE의 효과]

　FeCl3로 유도된 혈전모델에서 20일간 엉겅퀴 잎 추출물을 투여한 후 초음파 측정 결과, 엉겅퀴 잎 추출물 투여군은 혈전유발 대조군에 비해 혈류, 혈관 지름, 혈관 면적, 혈류량이 유의적으로 혈행이 개선된 것을 확인했다. 특히 혈관 지름과 혈관 면적은 정상군 수준으로 개선되었으며, 이는 대조군인 아스피린과 비슷한 수준의 효과를 나타냈다.

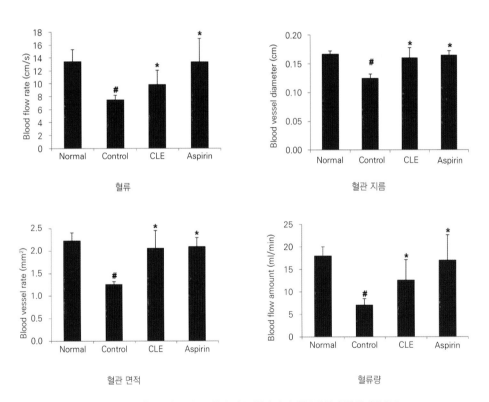

엉겅퀴 잎 추출물의 혈류 속도, 혈관 지름, 혈관 면적, 혈류량 등 혈행의 개선효과

3. 엉겅퀴 잎 추출물이 혈청 내 염증 유발인자와 염증 부착분자를 억제한다

[TNF-α 및 ICAM 생성에 대한 CLE의 억제 효과]

염증 유발 인자인 TNF-α와 부착분자인 ICAM을 측정한 결과, 정상군에서는 혈청 내 함량이 베이스 수준인 반면 혈전유발 대조군에서는 증가했으나 엉겅퀴 잎 추출물 투여군에서는 억제됐으며 참고약물인 아스피린과 유사했다.

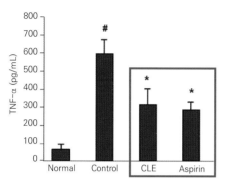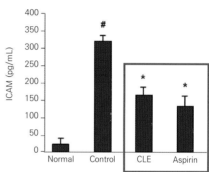

엉겅퀴 잎 추출물의 염증 유발인자 TNF-α와 부착분자인 ICAM 억제효과

4. 엉겅퀴 추출물을 투여하면 혈관 내 혈전 생성이 감소한다

FeCl3 유도 경동맥 혈전 혈관에 대한 엉겅퀴 잎 추출물의 조직학적 개선효과에 따르면 엉겅퀴 잎 추출물을 투여한 후 경동맥을 적출한 후 H&E로 염색하고 조직학적 변화를 관찰한 결과, FeCl3로 유발된 대조군의 혈관은 정상군에 비해 혈관 내의 교원 섬유 부분이 상당히 손상되고 두터워졌으나, 엉겅퀴 잎 추출물을 투여함으로써 혈전 생성이 감소하고 혈관 내의 교원 섬유의 손상도 억제됐다.

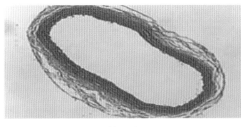

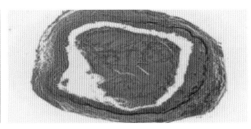

Normal
정상군

Control
대조군(혈관 손상 및 혈전 유발)

CLE
엉겅퀴 잎 추출물 투여군

Asprin
참고약물 아스피린 투여군

엉겅퀴 잎 추출물의 혈관 내 혈전 생성 감소효과

논문의 출처 생약학회지[Kor. J. Pharmacogn. 2013 ; 44(2) : 131–137]

5. 엉겅퀴 추출물을 투여하면 허혈성 뇌경색이 억제된다

① 뇌경색에 대한 엉겅퀴 추출물의 효능 평가(MRI 결과)

뇌경색이 유발된 래트에서 엉겅퀴 추출물의 보호 효과를 관찰하기 위해 엉겅퀴 잎 추출물을 20일 동안 경구투여한 후 자기공명영상((MRI))으로 촬영한 결과, 뇌경색 유발군과 비교 시 엉겅퀴 잎 추출물 투여군에서는 뇌경색의 크기가 현저하게 작게 관찰됐고, 농도 의존적으로 억제된 것을 확인했다.

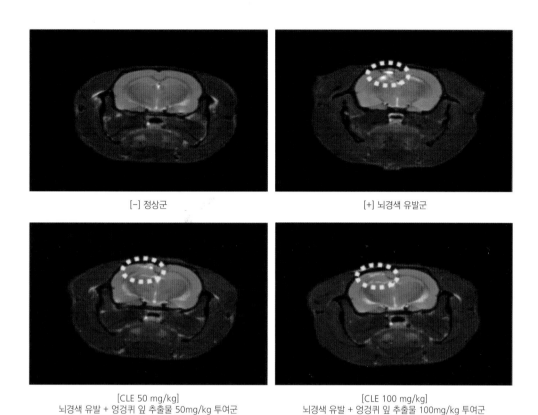

[-] 정상군

[+] 뇌경색 유발군

[CLE 50 mg/kg]
뇌경색 유발 + 엉겅퀴 잎 추출물 50mg/kg 투여군

[CLE 100 mg/kg]
뇌경색 유발 + 엉겅퀴 잎 추출물 100mg/kg 투여군

엉겅퀴 잎 추출물의 뇌경색 억제효과

6. 엉겅퀴 잎 추출물을 투여하면 뇌 조직에서 핵과 세포질이 유지된다

뇌경색에 대한 엉겅퀴 추출물의 효능평가와 뇌 조직 적출 및 조직 염색을 통한 평가에서 뇌경색 유발 부위의 조직학적 관찰을 위해 뇌를 적출해 외부 형태를 관찰한 결과, 정상군은 외관상 뇌 조직에 손상이 없는 반면, 뇌경색 유발군에서는 유발 부위에 붉게 혈전이 생긴 것을 확인했다. 엉겅퀴 잎 추출물을 투여한 군에서는 손상이 현저하게 억제됐으며, 특히 투여된 추출물에 대해 농도 의존적으로 억제효과를 보였다.

광화학적 뇌경색 유발 래트의 뇌 조직에서는 핵이 농축되고 세포질이 위축된 것을 확인했으며 엉겅퀴 잎 추출물 투여군에서는 핵과 세포질이 유지됐고 특히

100mg/kg 투여군에서는 정상군과 비슷한 수준으로 유지됐다.

[-] 정상군

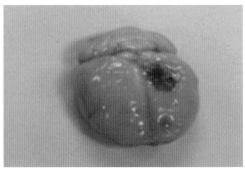

[+] 뇌경색 유발군

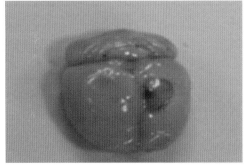

[CLE 50 mg/kg]
뇌경색 유발 + 엉겅퀴 잎 추출물 50mg/kg 투여군

[CLE 100 mg/kg]
뇌경색 유발 + 엉겅퀴 잎 추출물 100mg/kg 투여군

엉겅퀴 잎 추출물의 뇌 핵과 세포질 유지 및 손상 억제효과

광화학적 뇌경색 유발 래트의 뇌 조직에서는 핵이 농축되고 세포질이 위축된 것을 확인했으며, 엉겅퀴 잎 추출물 투여군에서는 핵과 세포질이 유지됐고 특히 100mg/kg 투여군에서는 정상군과 비슷한 수준으로 유지됐다.

7. 엉겅퀴 추출물, 혈압과 관련된 ACE 활성을 저해한다

Angiotensin converting enzyme (ACE) 평가

안지오텐신 형성 억제제((ACE: Angiotensin Converting Enzyme)) 저해

활성 측정 결과, 엉겅퀴 추출물 200mg/kg 투여군에서는 혈압과 관련된 ACE 억제율이 시간에 의존적으로 향상됨을 확인했다.

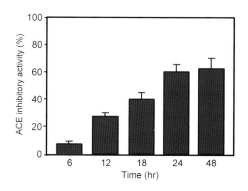

엉겅퀴 추출물의 시간에 따른 ACE 활성 억제율에 미치는 영향

8. 엉겅퀴 추출물이 혈소판 응집을 억제한다

혈소판 응집반응에 대한 엉겅퀴 추출물의 억제 효과

WP, PRP 분리 방법을 이용해 혈소판 응집 반응을 확인한 결과, 엉겅퀴 추출물의 농도가 높아질수록 혈소판 응집이 억제되는 것을 확인했다.

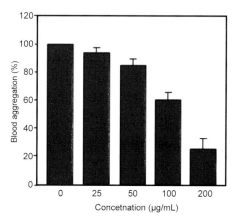

엉겅퀴 추출물에 따른 혈소판 응집 억제율

9. 엉겅퀴 잎과 꽃 추출물, 동맥경화 지수와 심혈관위험 지수를 감소시킨다

[엉겅퀴 부위별 추출물의 동맥경화 및 심장위험 지수에 미치는 영향]

엉겅퀴 부위별 추출물이 혈청의 동맥경화 지수 및 심혈관위험 지수에 미치는 영향을 알아본 결과, 동맥경화 지수와 심혈관위험 지수는 정상군에 비해서 대조군이 현저히 증가한 반면 엉겅퀴 꽃, 잎 추출물은 대조군에 비해서 유의하게 감소하는 효과가 있었다.

표. 엉겅퀴 꽃, 잎 추출물의 혈청의 동맥경화 지수 및 심혈관 위험지수 감소효과
(Effects of water extracts from different organs of *C. japonicum* var. *ussuriense* on atherogenic index (AI) and cardiac risk factor (CRF) in C57BL/6 obesity mice)

Groups	Atherogenic index	Cardiac risk factor
Normal	0.31 ± 0.02	0.73 ± 0.03
Control	1.62 ± 0.23# ↑	2.55 ± 0.21* ↑
Flower extract	0.49 ± 0.19** ↓	1.50 ± 0.18** ↓
Leaf extract	0.42 ± 0.18** ↓	1.43 ± 0.17** ↓
Roof extract	0.77 ± 0.21*	1.84 ± 0.19
Apigenin	0.41 ± 0.15** ↓	1.22 ± 0.14** ↓

논문의 출처 대한동의생리학회 [J Physiol & Pathol Korean Med 29(4):322~329, 2015]

다. 엉겅퀴(대계)의 관절염 효능, 과학적 근거 밝혀졌다

엉겅퀴는 전통적으로 관절염과 신경통 환자들이 달여서 음용하거나 짓이겨서 환부에 붙이는 등 다양하게 활용해 온 민간의약 소재다.

이에 필자는 전주대학교 대체의학대학과 농촌진흥청 원예특작과학원 인삼특작부와 퇴행성 관절염과 류머티즘성 관절염에 대해 주관기업, 참여기업 또는 연구 시료 제공으로 연구를 진행해 온 결과, 전통 민간의약적 관절염에 대한 효

능이 과학적 연구 결과에서도 증명됨을 확인할 수 있었다.

1. 엉겅퀴 추출물, 관절염 증상을 억제한다

관절염을 유도시킨 대조군의 경우 48일째에 관절염 발생빈도가 약 70% 일어
난 반면 엉겅퀴 잎 추출물을 투여한 군에서는 관절염 발생빈도가 42%로 감소
했고 관절염 증상이 완화되는 효과가 있었다.

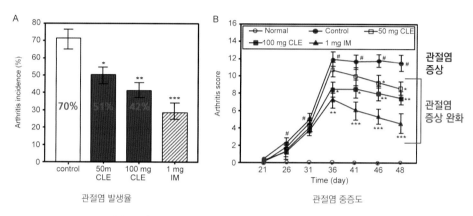

엉겅퀴 추출물의 관절염 발생 빈도 감소 및 관절염 증상 완화효과

2. 엉겅퀴 추출물, 관절염으로 인한 발 부종을 현저히 개선하는 효과가 있다

관절염 발 부종을 확인한 결과, 대조군은 정상군에 비해 심한 부종이 있었고
엉겅퀴 잎 추출물 투여군은 IM 투여군보다는 약간 높았지만 발 부종이 현저히
개선되는 효과가 있었다. 더 자세히 알아보기 위해 발 조직을 해부한 결과, 대
조군은 정상군에 비해 염증세포의 침윤이 심하게 나타났고 비만세포의 침윤뿐
만 아니라 탈과립 현상이 뚜렷하게 관찰됐다.

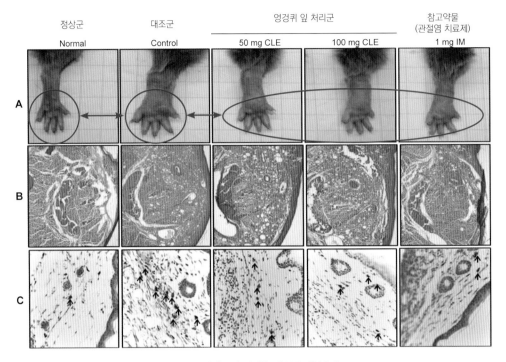

| 정상군 | 대조군 | 엉겅퀴 잎 처리군 | | 참고약물
(관절염 치료제) |
| Normal | Control | 50 mg CLE | 100 mg CLE | 1 mg IM |

엉겅퀴 잎 추출물의 관절염, 발 부종 개선효과

3. 엉겅퀴 추출물을 투여하면 관절염 염증 매개물이 억제된다

염증 매개물인 Cox-2와 PGE2 생성량을 조사한 결과, 매개물을 투여한 대조군은 정상군에 비해서 혈청 PGE2와 Cox-2의 생성량이 증가했으나 엉겅퀴를 투여한 군

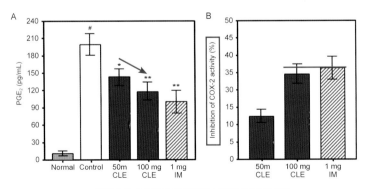

엉겅퀴 잎 추출물의 관절염 염증 매개물의 억제효과

은 모두 억제됐다. 특히 Cox-2 활성 억제율은 엉겅퀴 잎 추출물 100mg 투여군이 관절염 치료제인 Indomethacin((IM)) 투여군과 유사하게 나타났다.

4. 엉겅퀴 잎 추출물, 관절염 염증반응을 억제한다

[엉겅퀴 잎 추출물의 Th1과 Th2 사이토카인 생성변화 효과]

관절염 유도 모델에서 엉겅퀴 잎 추출물 투여에 따른 염증을 유발시키는 사이토카인 IL-4, IL-6, TNF-α(염증반응을 촉진함)의 양을 측정한 결과, 대조군에 비해 유의하게 억제됐고 IL-10(염증반응을 억제함)은 유의하게 증가했다.

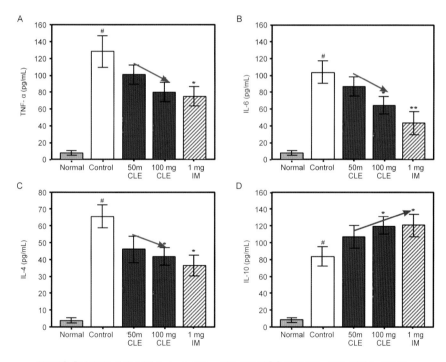

염증반응 촉진시키는 사이토카인 IL-4, -6, TNF-α 감소, 염증반응을 억제시키는 사이토카인 IL-10 증가

엉겅퀴 잎 추출물의 관절염 염증반응 억제효과

논문의 출처 동의생리병리학회지 [Korean J. Oriental Physiology&Pathology 2013 ; 27(4) : 416-421]

5. 엉겅퀴 추출물, 연골의 분해와 염증을 완화해 연골이 파괴되지 않도록 보호한다

해당 연구에서는 엉겅퀴 추출물과 아피제닌이 골관절염 진행에 수반되는 Hif-2α - 유도 연골 파괴를 약화시킬 수 있는지를 확인했다.

[CJM inhibits Mmp3, Mmp13 and Cox-2 expression under in vitro conditions mimicking OA 엉겅퀴 추출물은 Mmp3, Mmp13, Cox alf2 발현을 억제한다]

연골의 분해와 염증은 골관절염의 발달과 진행을 이끌기 때문에 엉겅퀴 추출물의 관절 연골세포에 미치는 영향을 측정하기 위해 인터루킨-1β 처리 시 Mmp3, Mmp13, Adamts4, Adamts5, Cox-2의 발현 수준을 확인한 결과, 엉겅퀴 추출물의 처리 농도가 높아질수록 발현이 감소하는 것을 확인했다.

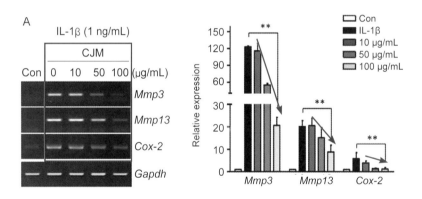

엉겅퀴 추출물의 Mmp3, Mmp13, Cox alf2 발현 감소효과

또한 골관절염과 관련된 염증성 사이토카인인 인터류킨-6, -16, TNF-α 처리시에도 발현이 감소되는 것을 확인하였다.

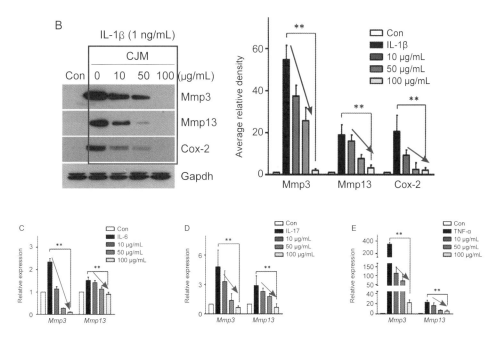

엉겅퀴 추출물의 골관절염과 관련된 염증성 사이토카인인 인터류킨-6, -16, TNF-α 처리 시 발현 감소효과

엉겅퀴 추출물이 체외 골관절염 조건에서 연골의 분해와 염증을 완화해 연골이 파괴되지 않도록 보호할 수 있음을 확인했다.

6. 엉겅퀴 추출물, 연골 재생을 활성화하는 데 도움을 줄 수 있다

[Oral administration of CJM protects against cartilage destruction in the DMM-induced OA model and ex vivo organ culture system 엉겅퀴 추출물 경구 투여로 DMM 유도 OA 모델 및 생체 외 장기 배양 시스템에서 연골 파괴로부터 보호]

DMM 유도 골관절염 모델에서 엉겅퀴 추출물이 골관절 연골 파괴로부터 보호되는지 여부를 실험한 결과, 대조군과 비교해 엉겅퀴 추출물을 투여한 군은 OARSI 점수와 부전골판 두께가 현저하게 낮은 것으로 나타났다.

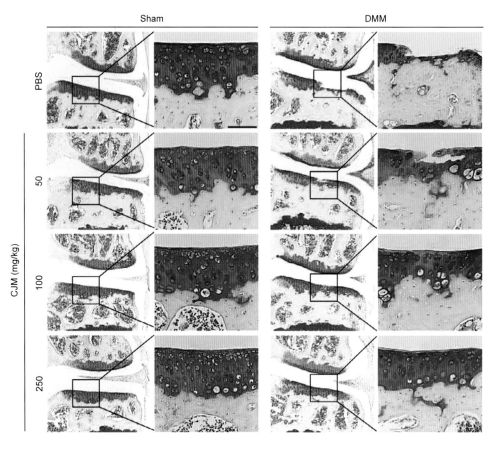

엉겅퀴 추출물의 골관절 연골 파괴 보호효과

엉겅퀴추출물이 연골재생을 활성화할 수 있음을 보여준다.

7. Hif-2α (저산소증 유도인자) 발현 억제를 통해 엉겅퀴 추출물로 인해 연골파괴가 조절된다

[Hif-2α expression is regulated by CJM in mouse articular chondrocytes Hif-2α 발현은 엉겅퀴 추출물에 의해서 규제된다]

마우스 연골세포에서 엉겅퀴 추출물이 Hif-2α 수치와 Hif-2α로 유도 후 Mmp3, Mmp13, Adamts4, Cox-2 발현에 미치는 영향에 대해 확인한 결과, IL-1β 처리 시 엉겅퀴 처리 농도가 높아짐에 따라 RT-PCR, qRT-PCR 시험 시 Hif-2α 발현은 감소했다. 또한 엉겅퀴 추출물 처리 시 마우스 관절염 연골세포의 Mmp3, Mmp13, Adamts4, Cox-2의 유도를 감소시켰다.

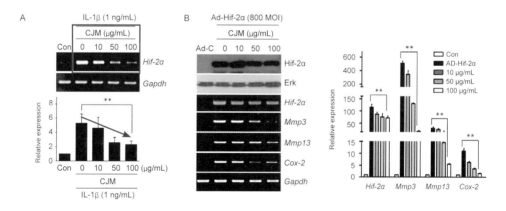

엉겅퀴 추출물의 마우스 관절염 연골세포의 Mmp3, Mmp13, Adamts4, Cox-2의 유도 감소효과

엉겅퀴 추출물의 보호효과를 확인을 위해 조직염색으로 연골 파괴와 Hif-2α 발현을 확인한 결과, Ad-Hif-2α 투여군에서 연골 파괴와 Hif-2α 발현이 검출되었지만 엉겅퀴 추출물 투여군에서는 연골 파괴를 개선하고 Hif-2α 발현이 감소했다.

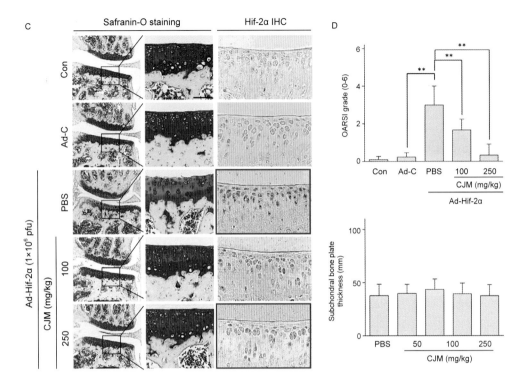

엉겅퀴 추출물의 연골파괴 개선효과

해당 결과를 통해 배양된 연골세포와 마우스 모두에서 Hif-2α(저산소증 유도인자) 발현 억제를 통해 엉겅퀴 추출물로 인해 연골 파괴가 조절되었음을 확인했다.

8. 엉겅퀴 아피게닌 성분이 관절염 발달을 차단한다

[Apigenin directly regulates Mmp3, Mmp13, Adamts4 and Cox-2 transcriptional activity and modulates NF-κB and JNK signalling pathways for Hif-2α regulation 아피게닌은 Mmp3, Mmp13, Adamts4, Cox-2 전사 활동을 직접 조절하고 Hif-2α 조절을 위해 NF-κB 및 JNK 신호 전달 경로를 조절한다]

리포터 유전자 분석을 통해 엉겅퀴 추출물과 아피게닌의 유무에 따라 마우스 프로모터의 Hif-2α 트랜스액션을 조사한 결과, Hif-2α 처리로 인해 대조군에서는 Mmp3, Mmp13, Adamts4 및 Cox-2의 촉진자로부터 전사 활동이 증가되었지만 엉겅퀴 추출물과 아피게닌의 처리 농도가 높아질수록 전사 활동은 감소했다.

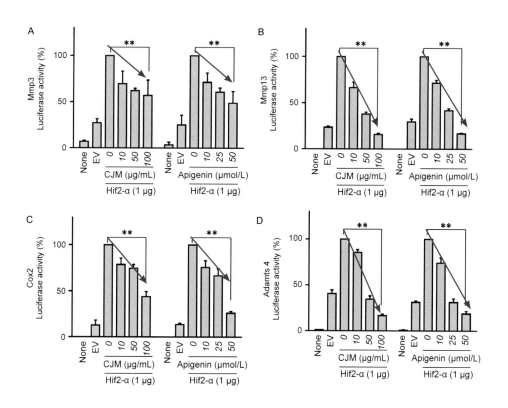

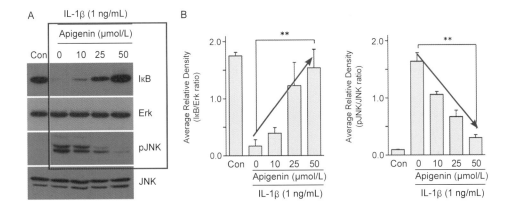

*FIGURE 5. Apigenin and Cirsium japonicum var. maackii directly regulate Mmp3, Mmp13, Adamts4 and Cox-2 transcriptional activity. A-D, Chondrocytes were co-transfected with Hif-2α vector and Mmp3 (A), Mmp13 (B), Adamts4 (C) or Cox-2 (D) promoter-driven reporter vectors and then treated with the indicated concentrations of Cirsium japonicum var. maackii extract or apigenin for 24 h (n = 5). Data were analysed using two-tailed t-tests. Values represent the means ± SEM; **P < 0.005

엉겅퀴 아피제닌 처리에 의한 Hif-2α 발현 억제효과

이를 통해 엉겅퀴 추출물과 아피게닌이 Mmp3, Mmp13, Adamts4 및 Cox-2 mRNA의 Hif-2α 매개 전사에 미치는 영향을 확인했다.

Western Blotting에 의해 NF-κB 및 JNK 신호 전달 경로를 분석한 결과, IL-1β 자극에 의해 유도된 IκB 저하와 JNK 인산화 효과는 아피제닌 전인화에 의해 방지됐다.

골관절염 진행 중에 NF-κB 및 JNK 신호 전달 경로의 억제를 통해 아피제닌 처리에 의해 Hif-2α 발현이 억제된다는 것을 확인했다.

따라서 해당 연구를 통해 엉겅퀴 추출물의 주요 성분인 썰씨마린, 썰시마리틴, 아피제닌은 염증을 줄일 수 있지만 아피게닌만이 효과적으로 Hif-2α 발현을 감소시켰고 Hif-2α 유도 MMP3, MMP13, ADAMTS4, IL-6, Cox-2 발현을 억제해 골관절염의 발달을 차단하기 위한 치료제로써의 개발 가능성을 나타냈다.

논문의 출처 JOURNAL OF CELLULAR AND MOLECULAR MEDICINE [2019 ; 23(8) : 5369-5379]

라. 엉겅퀴 추출물이 여성 갱년기 장애 개선에 효과가 있다

1. 엉겅퀴 추출물, 에스트로겐 작용제 역할을 한다

[Estrogenic activity of the ICF-1 extract. 엉겅퀴 추출물의 에스트로겐 활성]

엉겅퀴 추출물의 에스트로겐 특성을 알아보기 위해 에스트로겐 전사적 활성화에 대해 조사한 결과, 엉겅퀴 추출물의 농도가 높아질수록 에스트로겐 리포터 유전자의 활동을 증가시켰다.

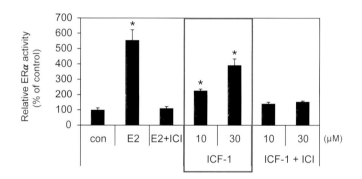

엉겅퀴 추출물 농도에 따른 에스트로겐 리포터 유전자 활동 증가효과

이러한 결과는 엉겅퀴 추출물에 에스트로겐 작용제가 있음을 나타내는 것으로 에스트로겐 작용제 역할을 하는 것을 확인하기 위해 에스트로겐 대항제인 ICI 182,780의 유무에 따라 엉겅퀴 추출물의 에스트로겐 리포터 유전자 활성에 미치는 영향을 조사했다. 엉겅퀴 추출물에 의해 리포터 유전자의 활성이 크게 억제돼 엉겅퀴 추출물이 에스트로겐 작용제 역할을 하는 것을 확인했다.

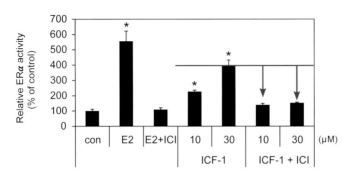

엉겅퀴 추출물의 에스트로겐 작용제 효과

2. 엉겅퀴 썰시마리틴 성분, 폐경 후 증상을 개선할 수 있는 효과적인 에스트로겐 화합물이다

각 화합물의 구조와 활성 사이에는 플라보노이드 구조에서 –OH 그룹의 수가 증가함에 따라 에스트로겐 불활성화가 증가함을 확인했다. 또한 R3 위치의 메톡시 그룹은 활성을 감소시켰지만 R1 위치의 메톡시 그룹은 활동을 증가시켰다.

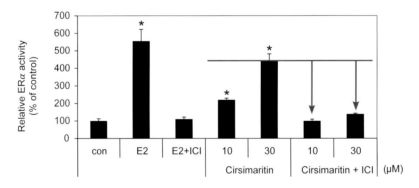

엉겅퀴 성분인 썰시마리틴의 에스트로겐 작용제 효과

썰시마리틴에 의한 리포터 유전자 활성화는 ICI 처리에 의해 현저하게 억제돼 썰시마리틴이 에스트로겐 작용제 역할을 한다는 것을 나타냈다. 이는 썰시마리틴이 에스트로겐을 전이함으로써 주요 ER 작용제 역할을 한다는 것을 나타낸다.

폐경 후 증후군(에스트로겐의 저농도) 조건에서 썰시마리틴은 에스트로겐 활성을 증가시켜 폐경 후 증상을 개선할 수 있는 효과적인 에스트로겐 화합물임을 시사한다.

논문의 출처 Bulletin of the Korean Chemical Society, 2017, 38(12):1486-1490

3. 엉겅퀴 추출물, 에스트로겐 전사 활성이 있다

[Estrogenic activity of the ICF-1 extract. 엉겅퀴 추출물의 에스트로겐 활성]

추출 용매가 다른 엉겅퀴 추출물을 농도별로 처리한 결과, 추출 조건과 관계없이 에스트로겐 전사 활성이 나타났다. 특히 30% 에탄올 추출물은 식물성 에스트로겐 이소플라본을 함유하고 있는 것으로 알려진 붉은토끼풀((Red Clover))과 유사한 활성을 나타냈다.

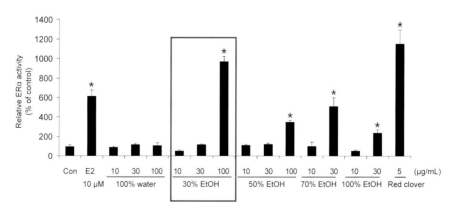

엉겅퀴 추출물의 농도별 에스트로겐 전사 활성효과

4. 엉겅퀴 잎 추출물, 에스트로겐 전사 활성에 매우 높은 효능을 보인다

30% 에탄올 엉겅퀴 추출물을 대상으로 MCF-7 세포를 이용한 실험 결과, 엉겅퀴 꽃과 잎 추출물이 에스트로겐 전사 활성을 나타냈으며, 특히 잎 추출물은 양성 대조군인 17β-에스트라디올보다 높은 효능을 보였다.

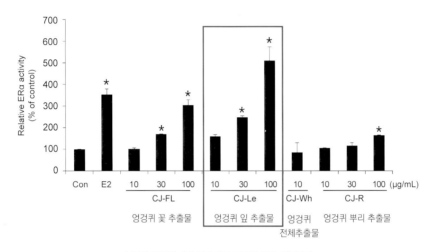

엉겅퀴 부위별 추출물의 에스트로겐 전사 활성효과

5. 엉겅퀴 잎 추출물, 여성 갱년기 증상을 개선한다

불안도 측정을 위해 접근회피갈등 실험에서 ICF-1을 복용한 군에서는 빛/어두운 선호도가 다크 챔버에 대한 방문 횟수와 시간별로 측정했을 때 대조군보다 많이 증가한 것을 확인했다.

표. 엉겅퀴 잎 추출물의 불안도 측정을 위한 접근회피갈등 실험
(Time spent in the dark and the number of transitions between the dark and light sides)

Group	Time in the dark (s)	Number of transition between dark and light sides
Normal	428.2 ± 98.4*	6.6 ± 1.6
Control	358.7 ± 68.2	6.3 ± 1.4
Red clover	215.7 ± 67.2*	10.0 ± 1.1*
ICF-1 50 mg kg-1	331.6 ± 75.8	4.0 ± 1.5
ICF-1 100 mg kg-1	254.3 ± 68.2*	10.9 ± 1.9*

*$p < 0.05$ compared with the control value.

분자 도킹 시뮬레이션을 통해 엉겅퀴 추출물의 활성 물질과 에스트로겐 수용체의 리간드 결합 영역의 결합 모드를 예측하기 위해 수행됐다.

도킹 시뮬레이션 결과, 루테롤린은 ER−α에 가장 높은 결합 친화력을 가지고 있는 반면 히스피둘린은 ER−β에 가장 높은 결합 친화력을 가지고 있었다. 글리코실화 플라보네, 썰시마린, 리나린, 펙톨리닌은 결합 친화력이 낮았다.

해당 연구를 통해 엉겅퀴 잎 추출물이 갱년기 증상을 개선한다는 것과 분자 도킹 시뮬레이션을 통해 ER−α와 ER−β의 리간드 결합 영역을 가진 엉겅퀴 잎 추출물의 활성 화합물의 분자 결합 모드를 예측했다.

논문의 출처 Food Function, 2018, 9, 2480

6. 엉겅퀴 추출물, 뼈 손실을 예방할 수 있어 폐경 후 골다공증 예방에 도움이 된다

[Effect of ovariectomy and C. japonicum on serum Ca2+ and P levels 난소 절제와 엉겅퀴 추출물 투여가 칼슘과 인의 수준에 미치는 영향]

칼슘의 혈청 수준에서는 난소 절제를 받은 쥐와 엉겅퀴 추출물을 투여한 군 사이에는 차이가 있었지만 정상 그룹의 칼슘 수준은 다른 두 그룹에 비해 높았다.

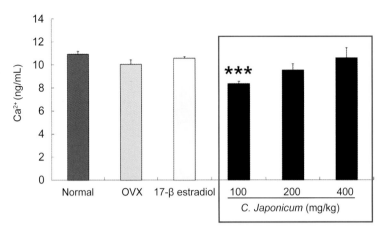

엉겅퀴 추출물 투여가 칼슘과 인 수준에 미치는 영향

[Femur / body weight 대퇴골/체중]

대퇴골/체중 비율은 에스트라디올을 처리한 군과 엉겅퀴 추출물을 투여한 군이 난소 절제한 쥐에 비해 높게 나타났다. 난소 절제로 에스트로겐이 결핍된 쥐의 경우에는 체중이 증가한 반면 엉겅퀴 추출물은 정상인 비교군과 비교 시 정상적인 수준을 나타냈다.

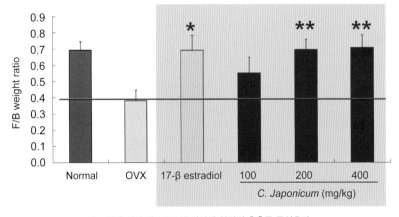

난소 절제 쥐의 에스트로겐 결핍에 엉겅퀴 추출물 투여효과

해당 연구를 통해 엉겅퀴 추출물 투여로 인한 혈정 IGF가 난소 절제 쥐의 성장률과 관련이 있음을 확인할 수 있었다. 이러한 결과로 엉겅퀴 추출물이 난소 절제에 따른 뼈 손실을 예방할 수 있어 폐경 후 골다공증 예방에 엉겅퀴가 자연적인 대체제가 될 수 있음을 시사한다.

논문의 출처 한국약용작물학회지[2015 ; 23(1) : 1-7]

마. 엉겅퀴 추출물의 암 관련 연구

1. 엉겅퀴 추출물과 엉겅퀴 썰시마리틴 성분, 유방암세포 생존성을 감소시킨다

[Anti-cancer effects of the ICF-1 extract and cirsimaritin in breast cancer cells. 엉겅퀴 추출물과 썰시마리틴의 유방암세포 MCF-7에 대한 항암 효과]

유방암세포인 MCF-7 세포의 세포생존성을 평가해 항암효과를 평가한 결과, 엉겅퀴 추출물과 썰시마리틴의 농도가 높아질수록 MCF-7 세포의 생존성을 현저히 감소시켰다.

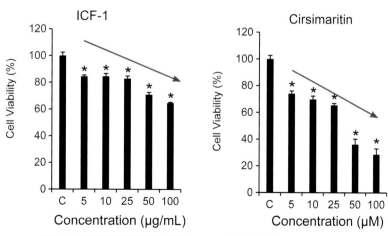

엉겅퀴 추출물과 썰시마리틴의 유방암 MCF-7 세포 생존성 감소효과

대조군의 MCF-7 세포는 약간의 청색 형광을 보였지만 썰시마리틴으로 처리한 MCF-7 세포는 세포 외에서 응축된 염색질로 인해 밝은 청색 형광을 보였다.

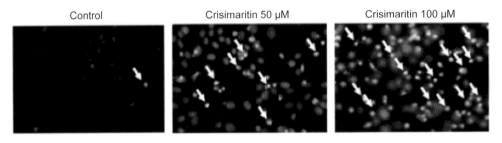

썰시마리틴 처리의 유방암 MCF-7 세포 염색 결과

또한 현미경으로 세포를 관찰한 결과, 대조군은 정상적인 형태를 가지고 있었지만 썰시마리틴을 처리한 MCF-7 세포는 배양 접시에서 분리돼 표백, 수축, 응결 등 세포 형태학상 특징을 나타내 썰시마리틴이 세포사멸을 유도하는 것을 확인했다.

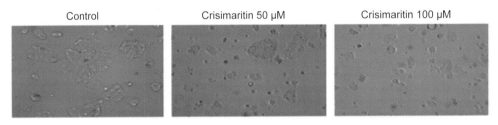

유방암 MCF-7 세포에 대한 썰시마리틴 농도별 세포사멸 유도효과

논문의 출처 Bulletin of the Korean Chemical Society, 2017, 38(12):1486-1490

2. 엉겅퀴 추출물, 내피세포 증식을 억제한다

[The effects of ICF-1 extract on HUVEC viability and tube formation. 엉겅퀴 30% 에탄올 추출물의 휴벡세포 생장률 및 튜브 형성에 미치는 영향]

내피세포의 증식은 혈관신생과 관련된 복잡한 과정 중 하나로, 내피세포의 증식을 억제하는 엉겅퀴 추출물의 활성을 측정한 결과, 엉겅퀴 30% 에탄올 추

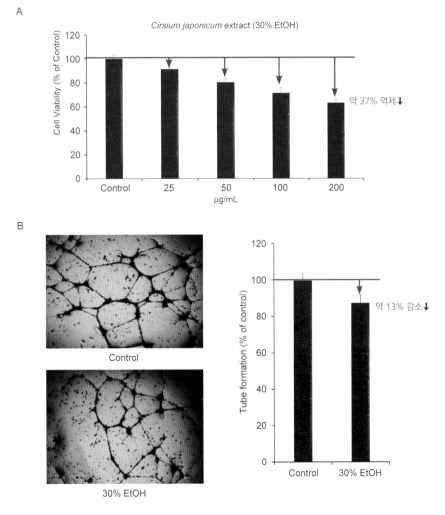

엉겅퀴 30% 에탄올 추출물의 huvec 세포 생존률 감소효과

출물의 농도가 높아질수록 Huvec 세포(탯줄정맥 내피세포)의 생존을 억제해 50~200㎍/㎖의 농도에서 세포생존률이 크게 감소한 것을 확인했다.

또한 그림 2B와 같이 엉겅퀴 30% 에탄올 추출물 25㎍/㎖의 농도에서 대조군 대비 튜브 형성을 12.69% 감소시켰다.

3. 엉겅퀴 썰시마리틴 성분, 유방암세포 생존성을 크게 억제한다

[Antimetastatic effectiveness of cirsimaritin on MDA-MB-231 cells MDA-MB-231 세포에 대한 썰시마리틴의 항모전(전이) 효과]

여러 항암제에 내성을 보이는 MDA-MB-231 세포(인체유방암세포)와 유방암세포인 MCF-7 세포(양성유방암세포)를 대상으로 썰시마리틴은 낮은 농도(~6.25uM)에서 MDA-MB-231 세포 생존성에 큰 영향을 미치지 않았고 50uM에서는 셀 생존성을 감소시킨 반면 세포생존성을 크게 억제시켰다. 또한 MCF-7 세포에 대해서는 3.125uM~100uM 농도에서 세포생존율을 약간 감소시켰다.

RT-PC를 이용해 종양 성장과 전이 촉진에 영향을 주는 역할을 다한 단백질

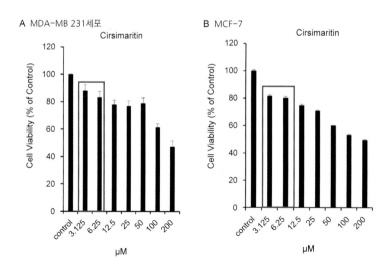

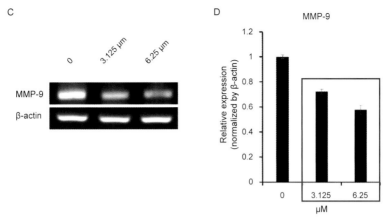

썰시마리틴의 MMPs 감소효과

분해효소((MMPs))에 미치는 영향에 대해 평가한 결과, 썰시마리틴은 대조군 대비 MMPs가 감소한 것을 확인했다.

4. 엉겅퀴 썰시마리틴 성분, 종양 혈관신생을 억제할 수 있다

[Effects of cirsimaritin on angiogenic protein expressions in MDA-MB-231 Cells]

혈관내피성인자((VEGF))는 종양 혈관신생인자로 종양 혈관신생에 중요한 역할을 하는데 이러한 세포의 신호에 의해 자극돼 내피세포의 증식, 이동, 튜브와 같은 구조 형성 등 혈관신생의 전형적인 특징을 나타낸다.

웨스턴 블롯을 통해 p-ERK를 43% 감소시켜 썰시마리틴이 MDA-MB-231 세포에서 VEGF, p-Akt 및 p-ERK를 감소시켜 혈관신생을 억제할 수 있음을 입증하며, 썰시마리틴이 항모전제로서 잠재적으로 유용할 수 있음을 시사한다.

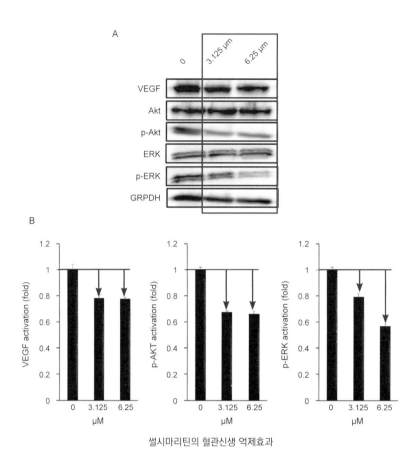

썰시마리틴의 혈관신생 억제효과

논문의 출처 Bioorganic & Medicinal Chemistry Letters 27 (2017) SEP 1;27(17): 3968–3973

바. 엉겅퀴 추출물은 항당뇨에 효과적이다

1. 엉겅퀴 추출물, 당뇨 합병증을 유발하는 알도오스 환원효소 억제에 활성이 있다

[AR inhibitory activity 엉겅퀴 추출물의 알도오스 환원효소 억제 활성]

엉겅퀴 추출물의 분획물별 AR억제 활성을 측정한 결과, 에틸아세테이트 층이 가장 높은 억제 활성을 나타냈다.

표. 엉겅퀴 추출물의 분획물별 AR 억제 활성 측정 결과
(IC$_{50}$ of the EtOH extract and fractions from CJL1on rat lens AR)

Samples	Concentration (µg/mL)	AR inhibition[a] (%)	IC$_{50}^{b}$ (µg/mL)
EtOH ext.	10	49.40	-
_n_-Hexane fr.	10	12.65	-
CHCl3 fr.	10	68.98	1.16
	1	64.60	
	0.1	10.65	
EtOAc fr.	10	82.83	0.21
	1	65.96	
	0.1	42.17	
_n_-BuOH fr.	10	43.37	-
TMG[c]	10	83.28	0.28
	1	62.21	
	0.1	40.13	

[a] Inhibition rate was calculated as a percentage of the control value
[b] IC$_{50}$ calculated from the least-squares regression line of the logarithmic concentrations plotted against the residual activity
[c] TMG was used as a positive control

　화합물 1-3 중 화합물 1인 썰시마리틴과 2인 히스피둘린은 대조군으로 사용한 알데오스 환원효소 억제제 중 하나인 Tetramethylene Glutaricacid ((TMG))보다 높은 억제 활성을 나타냈다.

표. 썰시마리딘 히스피둘린의 알데오스 환원효소 억제 활성효과
(IC$_{50}$ of compounds 1-3 from CJL1 on rat lens AR)

Compound	Concentration (μg/mL)	AR inhibition[a] (%)	IC$_{50}^{b}$ (μM)
Cirsimaritin (1)	10	84.19	2.83
	1	45.26	
	0.1	25.08	
Hispidulin (2)	10	89.35	0.77
	1	63.61	
	0.1	57.19	
	0.01	4.28	
Cirsimarin (3)	10	63.97	3.35
	1	33.46	
	0.1	10.29	
TMG[c]	10	87.46	3.91
	1	58.64	
	0.1	32.54	

[a] Inhibition rate was calculated as a percentage of the control value
[b] IC$_{50}$ calculated from the least-squares regression line of the logarithmic concentrations plotted against the residual activity
[c] TMG was used as a positive control

논문의 출처 Applied Biological Chemistry[2017, 60(5); 487-496]

2. 엉겅퀴, 항당뇨 활성에 효과 있는 성분이 있다

[AR inhibitory activity 엉겅퀴 추출물의 알도오스 환원효소 억제 활성]

엉겅퀴의 플라보노이드 성분이 항당뇨 활성에 미치는 영향에 대해 실험한 결과, 히스피둘린(성분1)과 아피게닌(성분3)이 양성대조군인 TMG보다 억제 활성이 더 높게 나타났다. 썰시마리틴 또한 높은 억제 활성을 나타냈다.

표. 엉겅퀴 플라보노이드 성분의 항당뇨 활성효과
(IC$_{50}$ of compounds 1-4 from CJP on rat lens AR)

Compound	Concentration (μg/mL)	AR inhibition[a] (%)	IC$_{50}^{b}$ (μM)
1	10	87.13	0.65
	1	72.06	
	0.1	11.76	
2	10	84.56	3.08
	1	51.47	
	0.1	26.47	
3	10	84.19	3.19
	1	68.20	
	0.1	5.50	
4	10	71.69	2.53
	1	29.41	
	0.1	13.97	
TMG	10	87.46	3.91
	1	58.64	
	0.1	32.54	

[a] Inhibition rate was calculated as a percentage of the control value
[b] IC$_{50}$ calculated from the least-squares regression line of the logarithmic concentrations plotted against the residual activity
[c] TMG was used as a positive control

엉겅퀴 추출물에는 아피제닌이 가장 많은 함량을 나타냈으며 썰시마리틴, 히스피둘린, 썰시마린 순으로 함유되어 있어 엉겅퀴와 그 플라보노이드 성분들이 당뇨병 합병증을 예방하고 억제 효과를 보이는 유효성분인 성분 1-4의 풍부한 공급원이 될 수 있음을 확인했다.

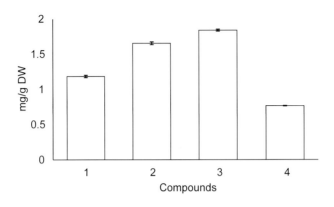

엉겅퀴 플라보노이드 성분의 당뇨 합병증 예방 및 억제효과

논문의 출처 Chemical Papers (2018) 72:81-88

3. 엉겅퀴 추출물, 췌장세포 생존성을 회복시킨다

[Effects of Korean thistle 30% EtOH extract against free radicals and STZ-induced INS-1 cell damage 엉겅퀴 30% 에탄올 추출물이 활성산소와 STZ 유도세포 손상에 미치는 영향]

엉겅퀴 30% 에탄올 추출물의 DPPH 라디칼 소거 활성은 효과는 있지만 대조군인 아스코르빅산에 비해서는 약한 효과를 나타냈다.

STZ로 유발된 세포손상에 엉겅퀴 추출물이 미치는 영향을 확인한 결과, INS-1 세포의 생존성이 STZ만 처리한 군에 비해 엉겅퀴 추출물을 같이 처리한 군에서는 세포생존성이 크게 회복된 것을 확인했다.

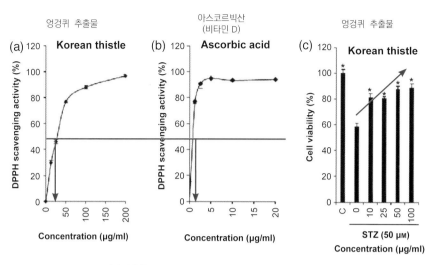

엉겅퀴 추출물의 STZ유발 세포손상에 세포 생존성 회복 효과

4. 엉겅퀴 썰시마리틴 성분, 비정상적인 형태학적 췌장세포 변화를 개선시킨다

[Effect of cirsimaritin against STZ-induced damage to INS-1 cells STZ에 의한 췌장세포주(INS-1) 손상에 대한 Cirsimaritin의 영향]

썰시마리틴이 세포 내 ROS에 미치는 영향에 대해 측정한 결과, STZ 처리 시 저하됐던 세포 생존성이 썰시마리틴이 공동 처리되면 회복하는 것으로 확인됐다. DCFH-DA 형광강도도 썰시마리틴이 공동 처리되었을 때 감소되는 것을 확인했다. 이 결과는 비교군인 Resveratrol의 효과와 동일한 결과를 보여 주어 썰시마리틴이 STZ 처리 세포에서 볼 수 있는 비정상적인 형태학적 변화를 개선시킬 수 있음을 확인했다.

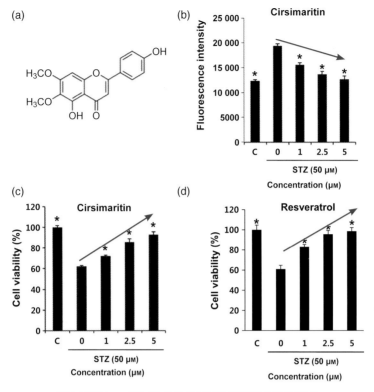

썰시마리틴이 STZ 처리 세포에서 비정상적인 형태학적 변화 개선효과

5. 엉겅퀴 썰시마리틴 성분, 췌장세포 사멸을 감소시킨다

[Effect of cirsimaritin on STZ-induced apoptosis in INS-1 cells NS-1 세포에서
썰시마리틴이 STZ 유도갑상선에 미치는 영향]

썰시마리틴이 STZ로 유도된 세포 사멸을 감소시킬 수 있는지 확인한 결과,
STZ로 유도된 세포사멸은 대조군 대비 23% 증가했으나 썰시마리틴 처리 후
세포 사멸 증가량은 7% 감소했다.

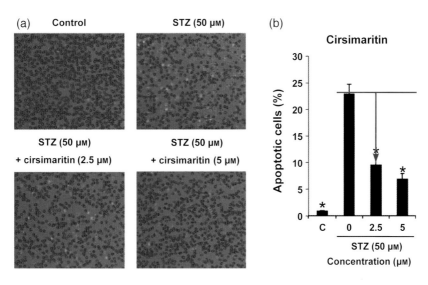

썰시마리틴이 STZ로 유도된 췌장세포 사멸 감소효과

6. 엉겅퀴 썰시마리틴 성분, STZ 유도 당뇨병을 예방하는 효과가 있다

[Effect of cirsimaritin on protein expression related to apoptosis in INS-1 cells INS-1 세포의 세포사멸과 관련된 단백질 발현에 대한 썰시마리틴의 영향]

세포사멸과 관련된 단백질 발현에 미치는 썰시마리틴의 영향을 평가하기 위해 STZ와 썰시마리틴을 처리 후 Caspase-8, Caspase-3, BID 및 RAPRP의 발현량을 측정한 결과, 현저하게 개선됨을 확인할 수 있었다. 특히 2.5, 5uM 처리 시 대조군과 가까운 수준으로 완전히 회복됐다.

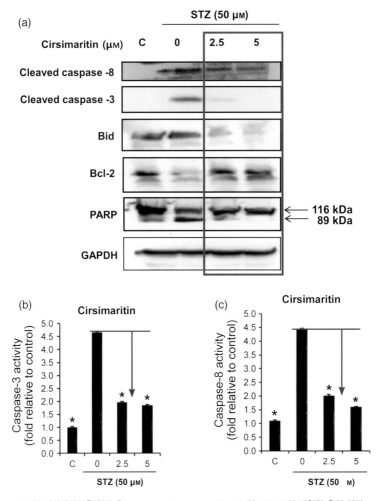

STZ와 썰시마리틴을 처리 후 caspase-8, caspase-3, BID 및 RAPRP의 발현량 측정 결과

　해당 연구를 통해 썰시마리틴이 Caspase-8, -3, BID, PARP의 활성화 감소와 BCL-2의 단백질 발현 증가를 통해 STZ가 유도한 췌장 b-세포의 세포사멸을 효과적으로 억제하는 것을 확인했다. 이는 STZ 유도 당뇨병을 예방하는 것으로 알려진 레스베라트롤의 효과와 유사했다.

논문의 출처 Journal of Pharmacy And Pharmacology. 69 (2017), 875-883

7. 엉겅퀴 잎과 꽃 추출물, 혈당 강하에 효과적이다

[엉겅퀴 부위별 추출물이 혈당 감소에 미치는 효과]

비만을 유도한 쥐를 대상으로 엉겅퀴 부위별 추출물을 12주간 투여하면서 2주 간격으로 혈당을 측정한 결과, 대조군을 비롯한 엉겅퀴 추출물과 아피제닌은 최초 혈당수치보다 시간이 지날수록 높았으나 그룹 간 큰 차이를 나타내지 않았다. 그러므로 엉겅퀴의 내당능에 미치는 영향을 검사한 결과, 엉겅퀴 부위별 추출물 투여군은 유의하게 혈당 강하 효과가 있었다.

엉겅퀴 꽃 추출물은 15분에서부터 30분까지 Apigenin과 유사했으나 시간이 경과할수록 Apigenin보다 혈당 강하 효과가 우수했다. 또한 엉겅퀴 잎 추출물은 15분에는 Apigenin보다 혈당 강하 효과가 낮았지만 시간이 지날수록 Apigenin과 유사한 혈당 강하 효과를 나타냈다.

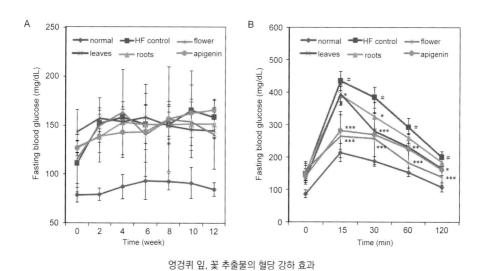

엉겅퀴 잎, 꽃 추출물의 혈당 강하 효과

논문의 출처 대한동의생리학회 [J Physiol & Pathol Korean Med 29(4):322~329, 2015]

8. 엉겅퀴 추출물 및 성분의 인슐린 분비자극 지수

표. 엉겅퀴 추출물 및 성분에 의한 농도별 인슐린 분비 자극지수 측정결과

구분	농도(μg/mℓ)	Stimulation index (SI)
엉겅퀴 추출물	1	1.4±0.0
	2.5	2.2±0.0
	5	2.7±0.2
구분	농도(μM)	Stimulation index (SI)
리나린(Linarin)	1	3.1±0.0
	2.5	4.8±0.0
	5	6.7±0.1
펙토리나린(Pectolinarin)	1	3.0±0.0
	2.5	4.8±0.1
	5	4.9±0.1
아피게닌(Apigenin)	1	7.0±0.0
	2.5	7.8±0.1
	5	8.1±0.2
히스피둘린(Hispidulin)	1	5.2±0.0
	2.5	6.0±0.0
	5	6.7±0.1
설시마린(Cirsimarin)	1	3.1±0.0
	2.5	4.8±0.0
	5	6.7±0.1
설시마르틴(Cirsimaritin)	1	8.5±0.2
	2.5	17.3±1.1
	5	17.1±1.0
글리클라짓(Gliclazide)*	2.5	6.1±0.0
	5	5.7±0.0
	10	6.1±0.1
	20	9.3±0.0

*당 생성을 감소시키고 인슐린 분비 및 마초조직에서 인슐린 민감도를 높여 혈당을 감소시키는 약물

사. 엉겅퀴 추출물이 뇌 신경세포 보호에 효과 있다

해당 연구에서 엉겅퀴 봄 지상부 EtOAc((에틸아세테이트)) 분획물이 DPPH 및 O2- Radical을 가장 효과적으로 제거했다. 알츠하이머 질환을 포함한 퇴행성 뇌 질환 환자의 경우 O2- Radical 방어를 위한 항산화 효소인 Superoxide Dismutase 활성도가 낮은 것으로 보고됨에 따라[3], O2-Radical 소거 효능이 가장 높았던 CJM EtOAc를 활성 획분으로 선정해 H2O2로 유도된 산화적 스트레스에 대한 C6 Glial Cell의 보호효과를 알아봤다.

1. 임실 엉겅퀴 추출물, 신경교세포 보호 효과 크다

[세포독성 실험(MTT assay) 세포보호 효과]

MTT Assay의 원리를 이용해 세포생존율을 확인한 결과, Normal군 100% 대비 H2O2를 처리해 산화적 스트레스를 유도한 Control군은 55.90%로 세포 손상을 받은 것을 확인할 수 있었다. 그러나 엉겅퀴 추출물 100㎍/㎖의 농도에서 세포생존율이 68.55%로 Control군에 비해 유의적으로 증가한 것을 확인할 수 있었으며 특히 250㎍/㎖와 500㎍/㎖의 농도에서 80% 이상의 세포생존율을 나타내어 H2O2로 유도된 신경교세포 손상에 대한 보호 효과가 큰 것을 확인할 수 있었다.

---

3) 출처: De Deyn et al., 1998

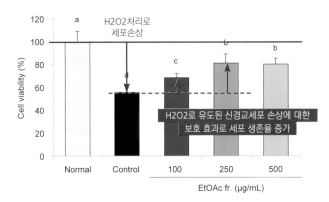

엉겅퀴 추출물 농도별 H2O2로 유도된 신경교세포 보호효과

2. 엉겅퀴 추출물, 산화적 스트레스에 신경교세표 보호 효과 있다

[LDH assay]

H2O2로 손상된 세포막에 대한 엉겅퀴 EtOAc 분획물의 보호 효과를 알아보기 위해 LDH Assay를 수행한 결과, Control군 100% 대비 Normal군은 60.94%를 나타내어 산화적 스트레스로 인해 신경교세포의 막이 손상돼 LDH의 방출량이 증가한 것을 확인할 수 있었다.

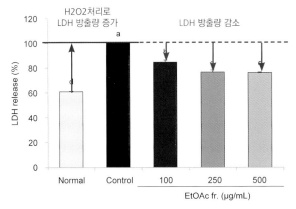

엉겅퀴 추출물 농도별 산화적 스트레스의 신경교세포 보호 효과

그러나 엉겅퀴 추출물을 100, 250μg/㎖와 500μg/㎖의 농도로 처리했을 때 LDH 방출량이 각각 85.00%, 76.71%와 76.16%로 유의적으로 감소해 엉겅퀴는 산화적 스트레스로부터 신경교세포를 보호하는 효과를 확인했다.

3. 엉겅퀴 추출물, ROS의 과생성을 억제함으로써 신경교세포 손상에 대한 보호 효과가 있음을 확인했다

[DCF-DA assay]

엉겅퀴 추출물이 H_2O_2로 유도된 ROS 생성 억제효과를 나타내는지 DCF-DA Assay를 통해 확인한 결과, 시간이 지남에 따라 모든 군에서 ROS 생성량이 증가하는 것을 확인할 수 있었으며 특히 H_2O_2를 처리한 Control군은 Normal군에 비해 ROS 생성량이 더 많이 증가한 것으로 보아 H_2O_2 처리로 인해 산화적 스트레스가 유도됐음을 알 수 있었다.

60분을 기준으로 ROS 생성량을 측정한 결과 control군 100% 대비 normal군에서는 76.80%로 ROS 생성량이 감소한 것을 확인할 수 있었으며 엉겅퀴 EtOAc 추출물을 100, 250μg/㎖와 500μg/㎖를 처리했을 때 각각 96.28%, 95.93% 및 87.44%로 Control군보다 통계유의적으로 낮은 ROS 생성량을 나타냈다. 특히 500μg/㎖의 농도에서 ROS의 과생성을 가장 효과적으로 억제하는 것을 확인할 수 있었다.

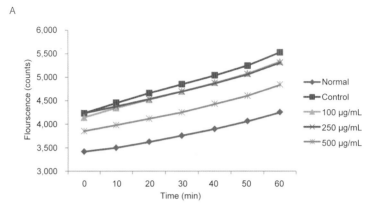

A

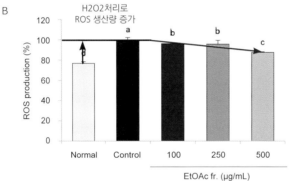

B

엉겅퀴 EtOAc 추출물 농도별 ROS 생성 억제 효과

　DPPH, ·OH 및 O2 - Radical 소거 효과가 가장 뛰어났던 엉겅퀴 봄 지상부의 EtOAc 분획물은 H2O2로 산화적 스트레스가 유도된 C6 Glial Cell의 세포생존율을 증가시키고 LDH 방출량과 ROS의 과생성을 억제함으로써 신경교세포 손상에 대한 보호 효과가 있음을 확인했다.

논문의 출처 Korean Journal Of Agricultural Science[45(3) September 509-519, 2018]

4. 엉겅퀴 추출물, 우수한 신경교세포 보호 효과 있다

해당 연구에서는 알츠하이머 질환의 주요 병리학적 원인으로 알려진 Aβ(Aβ 25−35)를 이용해 신경교세포 손상을 유도한 모델에서 엉겅퀴 추출물 및 분획물의 신경교세포 보호 효능과 산화적 스트레스, 염증 반응, 세포사멸 관련 인자 측정을 통해 관련 신경교세포 보호 작용기전을 확인했다.

[MTT assay 세포보호 효과]

엉겅퀴 추출물 및 분획물의 Aβ25−35로 유도된 신경독성으로부터 C6 신경교세포 보호 효과를 MTT Assay를 통해 확인한 결과, C6 신경교세포에 아무것도 처리하지 않은 Normal군의 세포생존율을 100%라고 했을 때 Aβ25−35를 25μM의 농도로 처리한 경우 40.56%로 유의적으로 세포 생존율 감소를 나타내어 Aβ25−35로 인한 C6 신경교세포 손상을 확인했다.

반면 엉겅퀴 추출물 및 분획물을 처리한 군에서 Aβ25−35만을 처리한 Control군에 비해 유의적으로 세포생존율 증가를 나타냈다. 특히 EtOH 및

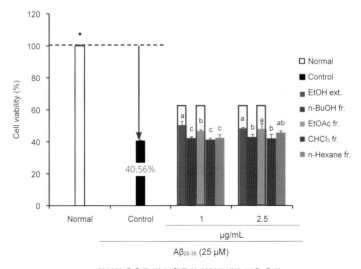

엉겅퀴 추출물 및 분획물의 신경교세포 보호 효과

EtOAc 분획물 처리 시 다른 추출물 및 분획물에 비해 우수한 신경교세포 보호 효과를 확인했다.

5. 엉겅퀴 추출물, 우수한 ROS 소거 효능 있다

[DCF-DA assay]

Aβ25-35로 신경독성을 유도한 C6 신경교세포에서 엉겅퀴 추출물 및 분획물의 산화적 스트레스 개선 효과를 확인하기 위해 DCF-DA Assay를 이용해 ROS 생성량을 측정한 결과, 시간이 지남에 따라 모든 군에서 Fluorescence 수치 증가를 나타내어 ROS 생성량이 증가하는 것을 확인했다.

특히 Aβ25-35를 처리한 Control군은 Normal군에 비해 ROS 생성량이 더욱 많이 증가해 Aβ25-35로 인한 산화적 스트레스가 유도됐음을 알 수 있었다.

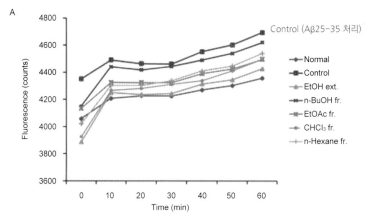

Aβ25-35로 신경독성을 유도한 C6 신경교세포에서 엉겅퀴 추출물 및 분획물의 산화적 스트레스 개선 효과

60분 기준으로 ROS 생성량을 측정한 결과, Normal군 100% 대비 Control 군은 108.36%로 ROS 생성이 증가함을 확인한 반면 엉겅퀴 추출물 및 분획물을 1, 2.5㎍/㎖의 농도로 처리했을 때 모든 군에서 Control군에 비해 낮은 수

치를 나타냈다.

특히 엉겅퀴 추출물 및 분획물을 2.5μg/㎖의 농도로 처리 시 EtOH 및 EtOAc 분획물에서 각각 102.42%, 102.53%의 낮은 수치를 나타내어 EtOH 및 EtOAc 분획물이 다른 추출물 및 분획물에 비해 유의적으로 우수한 ROS 소거능을 나타냄을 확인했다.

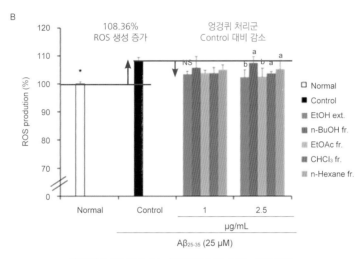

엉겅퀴 EtOH 및 EtOAc 분획물의 ROS 소거능 측정 결과

6. 엉겅퀴 추출물, 신경교세포 염증반응 개선 효과 있다

[nuclear factor-κB(NF-κB) pathway 염증 반응 관련 단백질 발현 측정]

Aβ25-35로 인한 신경교세포에서의 염증반응에 대해 엉겅퀴 추출물 및 분획물의 염증반응 개선 작용기전을 구명하기 위해 Cox-2, IL-1β, IL-6와 같은 염증반응 관련 단백질 발현을 측정한 결과, Aβ25-35만을 처리한 Control군의 경우 아무것도 처리하지 않은 Normal군에 비해 유의적으로 Cox-2, IL-1β, IL-6 단백질 발현이 증가해 염증반응이 유도됐음을 확인했다.

반면 엉겅퀴 추출물 및 분획물을 2.5μg/㎖의 농도로 처리했을 때 Control군에 비해 유의적으로 모든 군에서 이들 단백질 발현이 감소함을 확인했다. 따라서 엉겅퀴 추출물 및 분획물은 Aβ25-35로 유도된 신경교세포의 염증반응 개선 효과를 확인했다.

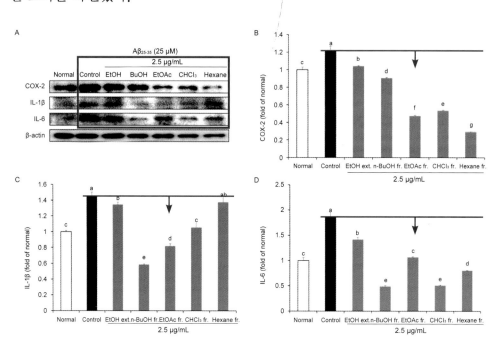

엉겅퀴 추출물 및 분획물의 Aβ25-35로 유도된 신경교세포 염증반응 개선 효과

7. 엉겅퀴 추출물, Aβ25-35로 인한 신경독성에 대해 산화적 스트레스, 염증반응, 세포사멸 조절을 통해 신경교세포 보호 효과를 나타냈다

[Bax, Bcl-2 단백질 발현 측정]

Aβ25-35로 세포사멸을 유도한 신경교세포에서 엉겅퀴 추출물 및 분획물의 세포사멸 보호 작용 기전을 확인하기 위해 세포사멸과 관련된 인자인 Bax와 Bcl-2 단백질 발현을 확인한 결과, Aβ25-35만을 처리한 Control군의 경우 아무것도 처리하지 않은 Normal군에 비해 유의적으로 Bax/Bcl-2 단백질 발현 비율이 증가해 Aβ25-35로 인한 세포사멸이 유도됐음을 알 수 있었다.

반면 엉겅퀴 EtOH 추출물 및 EtOAc, CHCl3, Hx 분획물을 각각 처리 시

Control군에 비해 Bax/Bcl-2 단백질 발현 비율이 개선됐으며 특히 EtOAc 분획물의 경우 다른 추출물 및 분획물에 비해 가장 낮은 Bax/Bcl-2 수치를 나타내어 세포사멸 보호 효과를 확인했다.

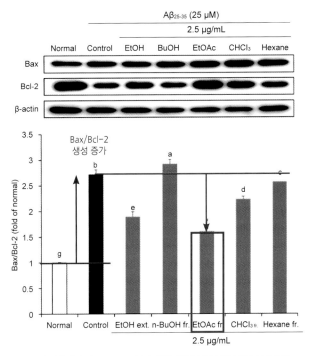

엉겅퀴 추출물의 Aβ25-35로 손상된 신경교세포 세포사멸 보호효과

해당 연구에서 엉겅퀴 추출물 및 분획물은 Aβ25-35로 손상이 유도된 C6 신경교세포에서 세포 생존율 증가와 ROS 생성을 감소시켜 신경교세포 보호 효과를 나타냈다. 신경교세포 보호 작용기전 확인을 위해 염증과 세포사멸 관련 단백질 발현을 확인한 결과, 엉겅퀴 추출물 및 분획물은 Cox-2, IL-1β, IL-6와 같은 염증 관련 인자의 억제와 Bax, Bcl-2와 같이 세포사멸에 관여하는 인자 조절을 통해 항염증 및 항세포 사멸 효과를 나타냈다.

특히 EtOAc 분획물에서 가장 우수하게 ROS 소거능과 세포사멸 관련 단백질 발현 조절을 나타내 Aβ25−35로 인한 신경교세포의 손상에 대한 보호 효과를 확인했다. 엉겅퀴는 Aβ25−35로 인한 신경독성에 대해 산화적 스트레스, 염증 반응, 세포사멸 조절을 통해 신경교세포 보호 효과를 나타냈다.

논문의 출처 Korean Journal Of Agricultural Science[46(2) June 369−379, 2019]

아. 엉겅퀴는 강력한 천연 항산화제이다

1. 엉겅퀴 추출물, 탁월한 항산화 효과를 가지고 있다

[O2− radical scavenging activity O2 − radical 소거효과]

엉겅퀴 봄 지상부 추출물 및 분획물의 O2−Radical 소거 효과를 측정한 결과, 엉겅퀴 추출물의 n−BuOH, EtOAc, 및 CHCl3 분획물에서 농도 의존적으로 소거능이 증가했으며 그중 EtOAc 분획물은 500μg/㎖의 농도에서 79.52% 값을 나타내어 가장 우수한 항산화 효과를 보였다.

엉겅퀴 추출물과 분획물은 농도가 높아질수록 Radical 소거능이 증가했으나 N−Hexane 분획물은 O2−Radical 소거 효과를 나타내지 않았다.

표. 엉겅퀴 봄 지상부 추출물 및 분획물의 O2−Radical 소거 효과 측정
(OH radical scavenging activity of CJM.)

Treatment (μg/mL)	Scavenging activity (%)				
	EtOH Ext.	n−BuOH Fr.	EtOAc Fr.	CHCl₃ Fr.	n−Hexane Fr.
100	46.24 ± 0.73a	48.43 ± 0.08c	60.82 ± 0.44c	30.89 ± 0.20c	−
250	31.60 ± 0.92b	67.86 ± 0.52b	69.46 ± 0.22b	45.01 ± 0.31b	−
500	28.13 ± 1.74c	75.70 ± 0.45a	79.52 ± 2.00a	47.43 ± 1.25a	−

Values are mean ± Standard deviation (n = 6).
CJM, *Cirsium japonicum* var. *maackii*; Ext., extraction; Fr., Fraction.
a − c: Means with the different letters are significantly different among the concentrations of extract or fractions
(p < 0.05) by Duncan's multiple range test.

이전 연구에서 엉겅퀴 뿌리의 MeOH 추출물은 ·OH Radical 소거 효과 및 금속 Chelating 효과가 있다고 보고됐으며 잎의 EtOH 추출물은 Ascorbic Acid(비타민 C)와 비슷한 정도의 DPPH Radical 소거 효과를 가진다고 밝혀져[4] 해당 연구와 종합했을 때 엉겅퀴는 탁월한 항산화 효과를 가지는 것을 확인할 수 있었다.

논문의 출처 Korean Journal Of Agricultural Science[45(3) September 509–519, 2018]

2. 엉겅퀴 꽃 추출물은 50㎍/㎖ 처리 시 약 60% 용혈율이 억제돼 엉겅퀴 잎과 비타민 C보다 용혈 보호 효과가 우수하다

[엉겅퀴(Cirsium japonicum var. ussuriense) 잎 및 꽃 추출물이 정상인 적혈구와 혈장의 산화적 손상에 대한 보호효과]

해당 논문은 이전 연구에서 항산화 활성이 가장 우수했던 엉겅퀴 잎과 꽃의 열수 추출물을 대상으로 자유유리기 유도생성 물질인 AAPH가 유도하는 적혈구 용혈과 지질과산화에 대한 억제효과와 생체 항산화 물질인 GSH의 생성 유도 효과를 확인했다.

[적혈구의 AAPH 유도 용혈에 대한 엉겅퀴 잎과 꽃 추출물의 효과]

자유유리기 유도생성 물질인 AAPH를 사용해 적혈구에 용혈을 유도해 엉겅퀴 잎, 꽃, 비타민 C의 적혈구 용혈 보호 효과에 대해 알아본 결과, 엉겅퀴 잎, 꽃 열수추출물과 항산화제인 비타민 C의 농도가 높아질수록 적혈구 용혈은 현저히 억제됐다.

－엉겅퀴 꽃 추출물은 50㎍/㎖ 처리 시 약 60% 용혈율이 억제돼 엉겅퀴 잎과

4) 출처: Lee et al., 2008

비타민 C보다 용혈 보호효과가 우수했다. 100μg/㎖ 이상의 농도에서는 항산화제인 비타민 C의 적혈구 용혈에 대한 보호효과와 비슷한 활성을 나타냈다.

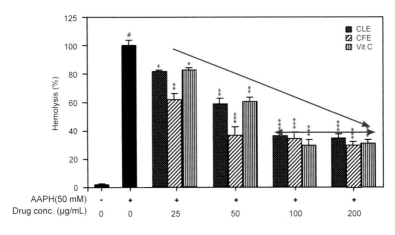

엉겅퀴 꽃·잎 추출물의 적혈구 용혈에 대한 보호 효과

3. 엉겅퀴 잎과 꽃 추출물, 혈장의 지질화 억제에 매우 우수한 효과가 있다

[적혈구, 혈장의 AAPH 유도 지질과산화(MDA)에 대한 엉겅퀴 잎과 꽃 추출물의 효과]

엉겅퀴 잎과 꽃 추출물은 사용된 모든 농도에서 항산화제인 비타민 C의 MDA 생성 억제효과와 유사했다. 특히 고농도(100~200μg/㎖)일 때 엉겅퀴 잎, 꽃 추출물, 비타민 C의 적혈구, 혈장 지질과산화((MDA)) 생성 억제효과는 47~65%, 61~75%로 매우 우수한 억제활성을 나타냈다.

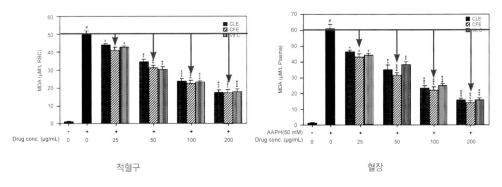

적혈구

혈장

엉겅퀴 잎·꽃 추출물의 적혈구, 혈장의 지질과산화(MDA)에 대한 억제 활성 효과

4. 적혈구의 GSH 고갈을 엉겅퀴 잎, 꽃 추출물이 효과적으로 억제한다

[적혈구에서 AAPH 유도 GSH 생성에 대한 엉겅퀴 잎과 꽃 추출물의 효과]

AAPH는 적혈구 내 생체 항산화 물질인 GSH를 고갈시켜 적혈구의 기능에 치명적인 손상을 주는 것으로 알려져 있다. 해당 연구에서는 엉겅퀴 잎과 꽃 열수추출물이 AAPH가 유도하는 적혈구의 GSH 고갈을 효과적으로 억제하고 그 효과는 항산화제인 비타민 C와 유사해 매우 우수했다.

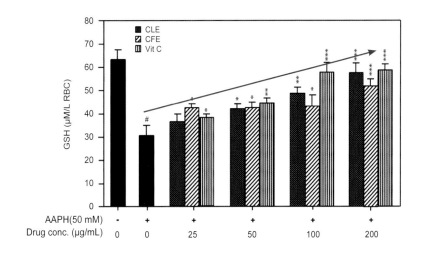

5. 엉겅퀴 부위별 추출물, 항산화 및 항염증 효과 높다

[엉겅퀴 부위별 추출물의 DPPH 라디칼 소거 활성]

엉겅퀴 꽃, 씨는 알코올 추출물이 열수추출물에 비해서 높은 항산화 활성을 나타냈고 잎, 줄기, 뿌리는 열수추출물이 더 높은 항산화 활성을 나타냈다. 특히 꽃의 경우 열수추출물과 알코올 추출물은 항산화제인 BHT와 유사한 항산화 활성을 나타냈다.

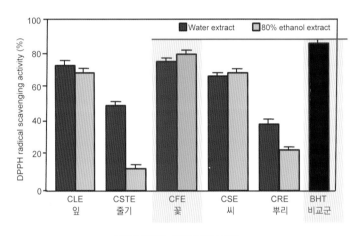

엉겅퀴 부위별 항산화 활성 효과

[NO 유사 라디칼 소거 활성]

엉겅퀴 씨, 뿌리는 알코올 추출물이 열수추출물에 비해서 다소 높은 항산화 활성을 보여주었지만 잎, 줄기, 꽃에서는 열수추출물의 항산화 활성이 높았다. 꽃의 경우 열수추출물과 알코올 추출물은 비타민 C(37.5±1.4%)보다는 낮았으나 우수한 NO 유사 라디칼 소거 활성을 보여줬다.

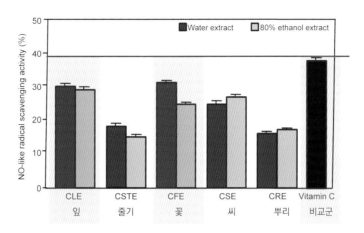

엉겅퀴 부위별 알코올 추출물 및 열수 추출물의 항산화 활성 효과

[ABTS 라디칼 소거 활성]

엉겅퀴 꽃과 잎은 열수추출물이 알코올 추출물보다 더 높은 항산화 활성을 나타냈고 꽃의 경우 기존에 잘 알려진 항산화제인 비타민 C, BHT와 매우 유사한 우수한 ABTS 라디칼 소거 활성을 나타냈다.

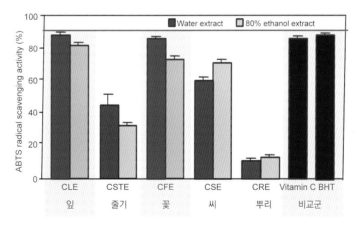

엉겅퀴 부위별 열수추출 및 알코올 추출물의 항산화 활성 효과 비교

논문의 출처 대한본초학회지[大韓本草學會誌 Kor. J. Herbology 2011 ; 26(4) : 39-47]

자. 엉겅퀴 추출물은 항비만에 효과가 있다

1. 엉겅퀴 잎과 꽃 추출물, 중성지방과 총콜레스테롤을 감소시킨다

[엉겅퀴 부위별 추출물의 혈중 지방 감소에 미치는 효과]

고지방 사료투여 대조군에 비해서 엉겅퀴 뿌리 추출물은 복부지방 감소에 효과는 없었지만 엉겅퀴 꽃과 잎 추출물은 중성지방과 총콜레스테롤 및 LDL이 유의하게 감소했다.

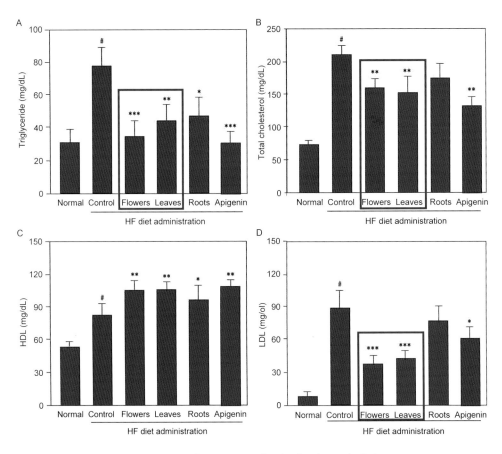

엉겅퀴 부위별 추출물의 중성지방 총콜레스테롤 및 LDL 감소효과

2. 엉겅퀴 잎과 꽃 추출물, 체중감량 및 복부지방 감소에 효과 있다

[엉겅퀴 부위별 추출물의 복부지방 감소에 미치는 효과]

엉겅퀴 부위별 추출물이 비만 유도 쥐의 복부지방 감소에 미치는 효과를 알아보기 위해 8주간은 모두 고지방 사료를 투여해 비만을 유도한 다음 엉겅퀴 부위별 추출물을 12주간 투여한 뒤 복부지방을 측정했다.

그 결과, 일반 사료 투여 정상군에 비해서 고지방 투여 대조군은 현저히 복부지방 증가를 보였지만 고지방 사료 투여 대조군에 비해서 엉겅퀴 뿌리 추출물

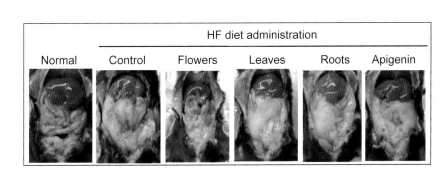

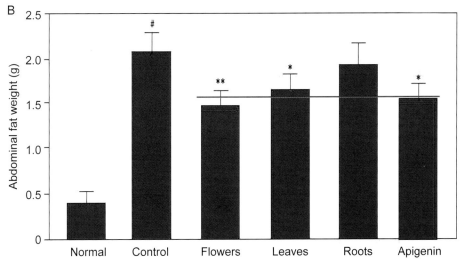

엉겅퀴 부위별 추출물의 복부지방 감소효과

은 복부지방 감소에 효과는 없었지만 꽃과 잎 추출물은 복부지방 감량이 유의한 효과가 있었다. 체중감량 및 복부지방의 감소도 엉겅퀴 꽃 추출물이 아피제닌 투여군보다 더 체중감량 효과가 있었다.

논문의 출처 J Physiol & Pathol Korean Med 29(4):322~329, 2015

임실엉겅퀴의 5월 전경

<제 **3** 장>

한의학 고전 DB 발췌
엉겅퀴 자료

한의학 고전 DB 발췌 엉겅퀴 자료

1. 엉겅퀴는 붕루(崩漏), 대하(帶下)를 치료한다

『별초단방別抄單方』 발췌

大薊小薊併主崩漏, 及赤白帶, 搗取汁服, 血崩取根五兩, 帶根三兩, 酒煮服.

대계(大薊: 엉겅퀴)와 소계는 모두 붕루(崩漏)*와 대하를 치료한다. 찧어서 즙을 내어 먹는데 혈붕(血崩)**에는 뿌리 5냥, 대하(帶下)***에는 뿌리 3냥을 술로 달여서 먹는다.

　*붕루(崩漏): 월경 기간이 아닌 때에 갑자기 많은 양의 피가 멎지 않고 계속
　　　　　　　나오는 병을 말한다.
　**혈붕(血崩): 월경 기간이 아닌데도 피가 갑자기 많이 나오는 병을 말한다.
　***대하(帶下): 여자의 생식기에서 나오는 흰빛이나 붉은빛의 곱처럼 끈끈
　　　　　　　한 액체를 말한다.

2. 소변에 피가 나오는 증상에 엉겅퀴즙을 복용한다

『향약집성방鄕藥集成方』 발췌

大小便統論(대소변통론)/尿血*

大薊, 取汁服之.

요혈에는 대계(엉겅퀴)를 즙을 내서 복용한다.

*요혈(尿血): 소변에 피가 나오는 증상을 말한다.

3. 음낭이 붓는 증상에 엉겅퀴즙을 복용한다

『향약집성방鄕藥集成方』발췌

諸疝論 제산론/陰腫*

鄕藥集成方卷第二十一 >諸疝論 >陰腫 >《聖惠方》治陰腫, 大如升.
又方 大薊根, 搗取汁, 煖服一小盞, 日三四服.

음낭이 붓는 증상에는 대계(엉겅퀴)의 뿌리를 찧어 즙을 내서 하루에 3~4회 작은 잔으로 1잔씩 따뜻하게 복용한다.

*음종(陰腫): 음낭이 붓는 증상을 말한다.

4. 코피가 그치지 않을 때 엉겅퀴즙·생지황즙·생강즙을 복용한다

『향약집성방鄕藥集成方』발췌

鼻衄門 >鼻衄不止. >治鼻中, 血出不斷, 心悶欲絶. 刺薊汁三合, 生地黃汁一合, 生薑汁半合. ○ 右調和令勻, 徐徐飲之, 仍將滓, 塞鼻中, 差.

콧속에서 피가 나는 것이 그치지 않고 가슴이 답답하며 숨이 끊어질 것 같은 증상을 치료한다. 엉겅퀴즙 3홉, 생지황즙 1홉, 생강즙 0.5홉. ○ 이상을 고르게 섞어 천천히 마시고 이어서 찌꺼기로 콧속을 막으면 낫는다.

5. 몸의 아홉 개 구멍에서 피가 나오는 증상을 치료한다

『향약집성방鄕藥集成方』발췌

鼻衄門 >九竅, 四肢指岐間, 出血. >《簡要濟衆方》治九竅出血. 刺薊一握, 絞取汁, 以酒半盞, 調和頓服, 如無生, 只搗乾者, 爲末, 以冷水, 調三錢.

《간요제중방》

구규(九竅)*에서 피가 나오는 증상을 치료한다. 엉겅퀴 1줌을 찧어 즙을 내어 술 0.5잔에 섞어서 한 번에 먹는다. 만약 엉겅퀴 날 것이 없으면 단지 마른 것을 찧어 가루 내어 냉수에 3돈을 타서 먹는다.

*구규(九竅): 몸에 있는 9개의 구멍, 즉 귀 · 눈 · 코 · 입 · 전음 · 후음을 뜻한다.

6. 피를 토할 때 엉겅퀴즙을 마신다

『향약집성방鄕藥集成方』 발췌

鼻衄門 >吐血論. >治吐血及鼻衄, 不止. 又方 刺薊根葉, 搗絞取汁, 一中盞, 分爲二服, 相次服之.

엉겅퀴 뿌리와 잎사귀를 찧어 즙을 짜서 중간 크기의 잔으로 2번에 나누어 먹는데 연이어 먹는다.

7. 엉겅퀴는 모든 종기를 치료한다

『향약집성방鄕藥集成方』 발췌

癰疽瘡瘍門 3 >遊腫* > 《三和子方》 治諸腫. 大薊取汁, 服之, 幷傅腫上

모든 종기를 치료한다. 엉겅퀴를 즙을 내어 먹고 또한 종기 위에 붙인다.

*유종(遊腫): 피부병의 하나로 다발성 피하농양을 말한다.

8. 종유석을 먹고 부작용이 생겨 가슴이 답답하고 피를 토하는 증상을 치료한다

『향약집성방鄕藥集成方』 발췌

中諸毒門 2 >乳石發動 > 《聖惠方》 治乳石發動, 壅熱至甚, 心悶吐血. 刺蘇, 生者搗取汁. 每服三合, 入蜜少許, 攪均服之.

엉겅퀴를 날것으로 찧어 즙을 내어 3홉씩 먹는다. 꿀을 조금 넣어 고르게 잘 저어서 먹는다.

9. 엉겅퀴와 홍화 고를 내어 종기에 바르면 낫는다

『의방합부意方合部』 발췌

意方合部 卷之一 >肩背部 >村家救急方 >已結成膿. 大薊根 紅花, 不拘多少, 洗切, 碎研如膏, 塗瘡, 冷如氷, 初發則消, 已成則潰速.

대계(大薊: 엉겅퀴) 뿌리와 홍화(紅花: 잇꽃)를 분량에 관계없이 씻어서 썰고 고((膏))처럼 되게 곱게 간다. 이것을 종기 위에 바르면 얼음처럼 시원해지면서 막 생긴 종기는 가라앉고 고름이 찬 종기는 빨리 터진다.

10. 위장장애 또는 소화불량에 엉겅퀴 가루를 복용한다

『의휘宜彙』 발췌

宜彙 卷之一 >積聚 >食積痰積*腹痛 ○食積痰積, 엉겅케불희作末, 調水或調酒, 多服.

○식적이나 담적에는 엉겅퀴 뿌리를 가루 내어 물이나 술에 타서 많이 복용한다.

*식적담적(食積痰積): 기능성 위장장애 또는 기능성 소화 불량을 의미하며 위장병으로 표현할 수 있다.

11. 하혈이 멎지 않을 때 엉겅퀴 오골계를 먹는다

『의휘宜彙』 발췌

婦人 >諸病 >下血久不止 ○下血久不止, 陳雄烏鷄, 勿去毛, 只割腹出內腸, 엉겅퀴나물뿌리三握, 入其腹中, 以繩束之, 爛烹. 飮其水食其肉, 限

三首服之, 則有效.

○하혈이 오랫동안 멎지 않을 때는 나이 먹은 수컷 오골계를 털을 뽑지 말고 배만 갈라 내장을 꺼낸 다음 엉겅퀴 뿌리 3줌을 오골계 배 속에 넣고 끈으로 묶어 푹 삶는다. 국물과 고기를 먹는데 3마리 정도 먹으면 효과가 있다.

12. 태열에는 엉겅퀴를 바르면 신묘한 효과가 있다
『주촌신방舟村新方』발췌

卷之一 >小兒編 >胎熱 ○一方, 通用景天엉겅쿠뿌리取汁塗之神效.

○일방으로, 엉겅퀴 뿌리를 즙을 취해 바르면 효험이 신묘하다.

임실엉겅퀴 관련 특허

제4장

임실엉겅퀴 관련 특허

유효성분이 강화된 엉겅퀴 재배 방법

엉겅퀴 추출물을 함유하는 혈행개선용 조성물

특 허 증
CERTIFICATE OF PATENT

특 허 제 10-1373120 호
(PATENT NUMBER)

출원번호 제 2012-0029136 호
(APPLICATION NUMBER)

출원일 2012년 03월 22일
(FILING DATE YY/MM/DD)

등록일 2014년 03월 05일
(REGISTRATION DATE YY/MM/DD)

발명의명칭 (TITLE OF THE INVENTION)
엉겅퀴 추출물을 함유하는 간성상세포 활성 억제용 조성물

특허권자 (PATENTEE)
임실생약영농조합법인(214471-0******)
전라북도 임실군 오수면 오수로 7

발명자 (INVENTOR)
등록사항란에 기재

위의 발명은 「특허법」에 따라 특허등록원부에 등록
되었음을 증명합니다.

(THIS IS TO CERTIFY THAT THE PATENT IS REGISTERED ON THE REGISTER OF THE KOREAN
INTELLECTUAL PROPERTY OFFICE.)

2014년 03월 05일

특 허 청 장 김 영

특허증
CERTIFICATE OF PATENT

특 허 제 10-1920859 호
Patent Number

출원번호 제 10-2017-0134453 호
Application Number

출원일 2017년 10월 17일
Filing Date

등록일 2018년 11월 15일
Registration Date

발명의 명칭 Title of the Invention
엉겅퀴 꽃 발효식초를 함유하는 두피 및 모발용 조성물 및 이의 제조방법

특허권자 Patentee
임실생약영농조합법인(214471-*******)
전라북도 임실군 오수면 오수로 7

발명자 Inventor
등록사항란에 기재

위의 발명은 「특허법」에 따라 특허등록원부에 등록되었음을 증명합니다.
This is to certify that, in accordance with the Patent Act, a patent for the invention
has been registered at the Korean Intellectual Property Office.

2018년 11월 15일

특허청장
COMMISSIONER,
KOREAN INTELLECTUAL PROPERTY OFFICE

박 원 주

특허청
Korean Intellectual
Property Office

특 허 증
CERTIFICATE OF PATENT

특 허 제 10-1374674 호
(PATENT NUMBER)

출원번호 제 2013-0034504 호
(APPLICATION NUMBER)

출원일 2013년 03월 29일
(FILING DATE YY/MM/DD)

등록일 2014년 03월 10일
(REGISTRATION DATE YY/MM/DD)

발명의명칭 (TITLE OF THE INVENTION)
학슬 또는 관동화 추출물을 유효성분으로 함유하는 항암제 조
성물

특허권자 (PATENTEE)
임실생약영농조합법인(214471-0******)
전라북도 임실군 오수면 오수로 7

발명자 (INVENTOR)
등록사항란에 기재

위의 발명은 「특허법」에 따라 특허등록원부에 등록
되었음을 증명합니다.

(THIS IS TO CERTIFY THAT THE PATENT IS REGISTERED ON THE REGISTER OF THE KOREAN
INTELLECTUAL PROPERTY OFFICE.)

2014년 03월 10일

 특 허 청 장 김 영

COMMISSIONER, THE KOREAN INTELLECTUAL PROPERTY

특허증
CERTIFICATE OF PATENT

특 허 제 10-1902932 호
Patent Number

출원번호 제 10-2016-0179611 호
Application Number

출원일 2016년 12월 27일
Filing Date

등록일 2018년 09월 20일
Registration Date

발명의 명칭 Title of the Invention
엉겅퀴 및 흰민들레의 꽃과 뿌리를 제거한 전초 추출물을 함유하는 알코올성 위염의 예방, 개선 또는 치료
용 조성물

특허권자 Patentee
등록사항란에 기재

발명자 Inventor
등록사항란에 기재

위의 발명은 「특허법」에 따라 특허등록원부에 등록되었음을 증명합니다.
This is to certify that, in accordance with the Patent Act, a patent for the invention
has been registered at the Korean Intellectual Property Office.

2018년 09월 20일

특허청장
COMMISSIONER,
KOREAN INTELLECTUAL PROPERTY OFFICE

박 원 주

특허청
Korean Intellectual
Property Office

임실엉겅퀴 농장의 6월 전경

엉겅퀴의 체험 사례 소개

〈 제**5**장 〉 엉겅퀴의 체험 사례 소개

아래의 모든 체험 사례는 사례자 개인의 주관적 사례입니다.

개인의 체질이나 상태에 따라서 다를 수 있음을 양지해 주시기 바랍니다.

가. 간 건강 분야 체험사례

1. 엉겅퀴가 계속된 항암을 극복하는 데 도움을 주었어요

암을 극복하고 있는 **이나**○

전북 익산 60세

2022년 8월 어느 여름날에

저는 자궁경부암부터 시작하여 난소암 말기 진단과 대장암, 소장암, 직장암으로 장기를 부분적으로 잘라냈고 횡격막암, 임파선암 등 무려 7번이나 암이 몸에 들어와 5회의 수술과 44회의 항암을 이겨내면서 삶의 끈을 놓지 않고 치열하게 극복해 나가고 있습니다.

이 글을 통해서 저와 같이 항암의 고통에 있는 환우분들이 희망을 가지고 용기를 냈으면 하는 바람으로 이 글을 씁니다.

저는 익산에 살고 있으며, 1963년생으로 올해 60세가 되는 여성입니다. 26년 전 임신 중에 간이 나쁘다는 사실을 알게 되었습니다. 산부인과 의사 선생님 말씀으로는 간이 너무 안 좋아서 아기를 정상적으로 출산하기가 어렵다면서 아기와 산모 둘 중의 하나를 선택하여 살려야 될 것 같다고 하여서 그때부터 간이 안 좋다는 사실을 알게 되었습니다. 결국 임신 8개월 반 만에 제왕절개로 출산을 하게 되었는데 다행히 아기도 건강하게 자라나서 지금은 무용을 전공하여 잘나가는 무용수가 되어 있네요.

　딸을 출산한 뒤 3년째인 38세 때 자궁경부암을 진단받고 첫 번째 자궁 적출 수술을 하였습니다. 그 뒤에는 비교적 건강하게 지내던 중 2014년 말 건강검진에서 발견된 두 번째 암으로 난소암 말기 진단을 받았습니다.
　익산의 모 대학병원에서 난소암 수술을 하고 항암을 두 번째 하던 중 간 수치가 너무 높아 항암을 계속할 수가 없어 여수에 있는 요양병원에 입원을 하게 되었는데 항암제 후유증으로 계단이 있는 식당 출입을 못 할 정도로 관절이 너무 망가져 버렸습니다.
　걷지를 못하니까 요양병원에서 관절을 치료하고 오라는 이유로 강제 퇴원을 당하여 익산으로 복귀해 여러 병원을 전전하며 관절을 치료하려 하였으나 병원마다 항암제의 후유증이기 때문에 별다른 치료 방법이 없다는 이야기만 듣고서 집에서 지내게 되었습니다.

　그러던 중에 하루는 친한 친구가 상당히 많은 양의 엉겅퀴즙을 가지고 와서 '너는 엉겅퀴를 꼭 먹어야 할 것 같다' 하면서 적극적인 권유를 받았습니다.
　그 당시에는 체중도 많이 빠지고, 머리카락도 다 빠지고, 음식물을 먹으면 토하기가 일쑤인 삶이 너무 비참한 상태였는데 엉겅퀴즙을 마시면서 토하지를 않고 쌉쌀한 맛이 너무 좋았기에 매일매일 수시로 엉겅퀴즙을 마시기 시작하였습니다.

엉겅퀴즙을 마시기 시작하면서부터 차츰 관절이 회복되기 시작하여 잘 움직이며 걷게 되었고 몸에 힘이 생기고 많이 회복되었습니다.

그렇게 회복되어 2017년 병원에 암 검사를 받으러 갔는데 의사가 이미 죽었을 것으로 생각하였던 환자가 건강하게 걸어오니까 깜짝 놀라는 것이었습니다. 검사 결과 의사선생님이 "간이고 암이고 이제 걱정할 일이 없을 것 같네요" 하면서 정상화되었다는 말씀을 들었습니다.

그런데 그 뒤 3개월 후 검진을 받으로 가서 암이 다시 재발한 사실을 알게 되었습니다. 이젠 아주 심각한 급성 암이었습니다.

복막에 암세포가 퍼져서 각 장기로 퍼져나가는 상태로 손을 쓰기가 어려운, 2개월 시한부일 정도로 위급한 암이 발생한 것입니다.

급한 진료로 3일 뒤 국립암센터에 입원하게 되어 주치의 선생님의 위급환자에 대한 특별한 배려로 입원 4일 만에 긴급수술을 하게 되었습니다.

13시간의 수술로 암이 퍼져 있는 복막 50%와 대장 50cm, 소장 30cm, 직장 10cm, 양쪽 림프절을 잘라내는 대수술을 하였습니다.

수술 후 1개월 후부터 1차 항암을 하고서 2차 항암을 하려 하였는데 또다시 간 수치가 너무 높아 항암을 하지 못하고 병원에서 간장약을 처방받았습니다. 그러나 저는 그 처방 간장약을 먹지 않고 급히 엉겅퀴즙을 조달 받아 1주일째 마시고 항암을 할 수 있을 정도로 간 수치가 떨어져 2차부터 항암을 하게 되었으며 그 뒤부터 계속 엉겅퀴를 마시면서 간 기능을 회복시키며 12번의 항암을 무사히 마치게 되었습니다.

물론 그 이후에도 횡경막과 림프절에 전이가 되었으나 그때마다 잘 극복해 왔습니다

그래서 저는 엉겅퀴가 이제까지 7번이나 계속된 암 투병 속에 5번의 수술과 44회의 항암을 할 수 있도록 저의 간을 회복시켜 주었으므로 저의 생명을 지켜 준 엉겅퀴라고 생각하고 있습니다.

만약 엉겅퀴가 없었다면 저는 간 기능 저하로 항암을 계속할 수가 없었을 것이기 때문입니다.

때로는 내 몸을 내 마음대로 가누지 못하며 좌절에 빠질 때도 있었지만 그럼에도 불구하고 이를 이겨내고 있는 것은 저의 낙천적인 생각과 삶에 대한 애착과 의지력이 컸던 것 같습니다. 저는 수없이 재발하는 암의 진단을 받을 때마다 "암이 안 생기면 좋겠지만 생겼으니 고치면 되지 뭐", "어떻게 해서라도 살아야지" 하면서 긍정적인 생각과 적극적인 행동으로 살기 위한 방법을 찾곤 하였습니다.

저는 오랫동안 암과 싸워나가면서 많은 환우분을 만나지만 제가 만난 분 중에 의지가 약하신 분들은 이를 이겨내지 못하지만 심각한 상태에서도 삶에 대한 애착과 본인의 의지력이 크신 분들은 방법을 찾고 잘 극복하고 생활하시는 분들을 종종 만납니다. 그럴 때마다 잘 이겨내 보자고 이야기하면서 서로 격려하곤 합니다.

이 글을 읽으신 환우분들에게도 위로가 되고 희망과 용기를 주고 싶은 마음에서 체험수기의 글을 적어 보았습니다.

2. 간을 되살리는 임실 엉겅퀴

이종○

(수원시 권선구 상탑로 남, 76세)

공직에 있었던 필자는 건강검진 때마다 지방간과 고지혈 통지서를 받았다. 특근이 잦은 업무특성상 과로에 시달렸고 그럴 땐 눈에서 실핏줄이 터졌다. 터진 실핏줄은 연속해 터져 수개월간 눈은 새빨간 상태였다. 생활 불편을 넘어 크나큰 두려움이다. 병원에서는 쉬면 된단다.

답답하고 우울할 때 지인으로부터 엉겅퀴 이야기를 들었다. 하이리빙 쇼핑몰을 통해 임실 가시엉겅퀴 하이진액을 만났다. 아침마다 생식에 엉겅퀴를 혼합해 섭취하는 것으로 하루 일과를 시작했다. 그렇게 하루 한 번이다. 거르는 날은 한 번도 없었다. 수개월이 지나자 눈 충혈이 뜸해지더니 그건 잊힌 추억이 돼 갔다. 이젠 피로감도 느껴지지 않는다. 양자기분석(QRMA)을 통해 간 건강이 아주 좋아졌음도 확인이 됐다. 정신적 측면이나 몸의 느낌에서도 자신감이 쑥쑥 올라간다. 절로 쾌재가 나오고 자랑질을 하는 사람으로 내가 확 바뀌었다.

간경화로 절망하는 김○○(57세)를 만났다. 술 담배를 엄청 장복하다가 간염이 간경화가 됐다고 한다. 신장도 제 기능을 못해 몸이 붓는다는 말에 가슴이 덜컥 내려앉기도 했다. 임실 가시엉겅퀴 얘기를 꺼냈다. 간경변을 일으키는 활성산소와 간 성상세포, 간 섬유화를 억제하는 가시엉겅퀴 효능과 치료 사례도 들려줬다. 내 경험까지 들은 그는 가시엉겅퀴 선택에 조금도 주저하지 않았다.

나보다 더 큰 믿음으로 당장 섭취에 들어가는 그의 확신은 대단했다. 아침과 저녁에 엉겅퀴 각 1봉을 섭취할 때마다 그는 기도를 빼놓지 않는다고 했다. 뜨거운 정성이 담기면 몸도 덩달아 반응하는가 보다. 그렇게 절실히 1년 넘게 임실 엉겅퀴를 애용한 그는 병원에서 완치 진단을 받았다.

　기적이다. 굳어진 간, 간경화를 엉겅퀴가 씻은 듯 낮게 하다니! 이게 기적이 아니면 무엇이 기적일까! 누구나 잡초인 줄로만 알았던 엉겅퀴, 그 속의 비밀을 캐어낸 이가 임실군 오수의 심재석 대표다. 그는 대한민국 정부가 수여한 '최고 농업기술명인'이다.

　보랏빛 가시엉겅퀴 꽃동산을 이루는 5월이면 그 테마공원을 품은 임실로 간다. 농업기술명인을 만나러 가는 것이다. 오늘은 코로나 팬데믹에 막힌 지 2년 만의 나들이다. 엉겅퀴 마니아들이 수원과 인천에서 몰려왔다. 현장을 보면 확신을 더 갖는 게 인지상정이다. 이렇게 임실 가시엉겅퀴는 국민 필수 건강기능식품이 되어 가고 있다. 고맙고 기쁘고 행복한 일이다.

3. 30년 고생하던 간이 좋아졌어요

조성○

경북 구미 81세 - 체험사례입니다.

간이 나빠 30여 년 동안 고생하신 분인데 간경화에서 간암까지 진행되어 위중한 상태가 된 분이었습니다. 병원 치료를 계속 받는 과정에서 주기적으로 항암주사 맞을 때에는 떼굴떼굴 구르면서 가려워서 너무 힘들어하신다고 합니다.

그러던 중 지인의 소개로 그분을 만나 셀프헬스케어(양자) 검사를 하게 되었습니다. 양자검사 지표결과는 역시 너무 안 좋게 나왔고요. 지방간에는 엉겅퀴가 최고라며 간의 독소를 해독하며 간세포 손상 보호하고 간의 독소 배출로 간을 청소하여 간경화 및 간 섬유화를 완화해 주며 간세포 재생을 시켜주는 데는 엉겅퀴가 최고라고 말씀을 드리면서 관리하여 보자고 말씀드렸는데 병원에서는 병원 약 이외에는 아무것도 못 먹게 한다고 하였습니다.

그래서 병원에서는 다들 그렇게 얘기하지만 좋아지질 않는데 계속 그렇게 사실 것이냐고 하면서 한 달이라도 드셔보자고 강조하였더니 그렇다면 한 달만 드셔보겠다고 하며 한 달간 엉겅퀴를 드셨습니다. 한 달 뒤에 양자검사를 하였더니 빨간불이던 게 노란불로 수치가 뚝 떨어져 저도 놀라고 어르신도 놀랐습니다.

그 뒤부터는 엉겅퀴를 아침저녁으로 드시고 낮에는 엉겅퀴 차를 우려서 드시게 하였습니다. 6개월째가 되어 다시 양자검사를 하여 보니 헉! 초록색으로 정상인 걸 보고 너무 놀랐습니다.

더 놀란 것은 병원에서 검사하는 날이 되어서 병원에 다녀오셨는데 집에 오자마자 의사선생님이 '간경화가 없어졌다고, 뭘 하셨죠? 30년을 친구처럼 함께 가지고 있던 간경화가 어디 갔죠?'라고 의사도 깜짝 놀랐다고 합니다.

본인은 신기하다며 너무 좋아하시면서 진작 오지 왜 이제 왔냐며 저를 보고 절을 하려고 하셨습니다.

엉겅퀴가 참 대단한 것 같다고 생각하고 있습니다.
저는 그분의 건강을 회복시키는 데 일조하게 되어 참으로 보람 있게 생각하고 있습니다.

4. 아침에 피곤함 없이 잘 일어나요

이○○

남편은 올해 44살로 시아버님께서 간암으로 60대 초반에 돌아가셨는데도 불구하고 담배와 가끔 술 그리고 직장생활로 받는 스트레스로 유난히도 피곤해하고, 아침에 일어나기가 힘든 남편이었습니다.
물론 건식과 헬스를 꾸준히 하고 있었지만 늘 아침에 힘들어하는 남편 걱정이 이만저만이 아니었습니다. 한해 한해 그렇게 잘 마시던 술도 싫어할 정도였습니다.

엉겅퀴를 만나고 견학을 다녀와서는 명심하다시피 하루 2, 3포를 피곤 정도에 따라 먹더니 3주쯤 뒤부터는 아침에 한 번에 일어나는 신랑을 보고 감탄했습니다.

5. 피곤함 사라졌어요

경남 창원에서 **김채○**

6월에 설레는 마음으로 엉겅퀴 농장으로 견학을 하고 왔습니다. 당시에 지방간이 있었고 체중관리를 못 하여 늘 피곤하고 가끔은 눈이 피곤하며 칠판의 화이트 색이 반사되어 눈을 뗄 수 없는 날도 있을 정도였습니다. 그리고 여름이면 어김없이 심한 땀띠에 알레르기 현상이 와서 음식도 가려 먹어야 하고 목과 팔다리가 헐어서 남모르게 매우 힘든 상태였습니다.

엉겅퀴를 먹은 뒤 얼마 되지 않아 밤낮으로 졸음이 쏟아져 참을 수 없었고 피곤함이 더하여져 남들에게 들통날까 봐 사람들 만나는 것을 피할 정도가 되었습니다. 어느 날은 심한 방광염으로 며칠을 전전긍긍하기도 하였고요.

그런데 어느 정도 지나고 나니까 지금은 많이 좋아진 것을 느낄 수 있으며 여름인데도 심한 땀띠도 사라지고 잡히던 뱃살도 많이 빠졌네요. 특히 여러 가지 일을 하여도 특별하게 피곤하다는 말이 쏙 들어갔습니다. 그리고 피곤하면 눈조차 뜰 수 없었던 제가 눈물도 안 흐르고 피곤함이 없어졌다는 점이 너무 좋습니다.

아직은 온전하진 않지만 손과 발 껍질이 지꾸 일어나 세제를 의심하였었는데 그런 것도 조금씩 좋아지고 있네요.

많은 것들이 호전되고 있는 요즘, 너무 기분이 좋습니다.

6. 돌아다니는 종합병원 엉겅퀴로....

엉겅퀴를 만난 행운의 여인

천안에서 **여상**○

천안에 살고 계시는 71세 저의 언니 이야기입니다. 40대 후반에 자궁 이상증후군(거의 암 수준) 받았고요. 간경화와 심혈관 질환도 심하였고 주위에서 주는 스트레스가 최고도에 이른 화병도 있었으며 관절염까지 있는, 아무튼 돌아다니는 종합병원이라는 말이 적절한 표현이었습니다.

언니가 의심이 많으신 편으로 여러 제품에 대한 의심도 많으신 분입니다. 그런데 엉겅퀴 5포를 드렸더니 당장 먹어 보겠다고 하더라고요.

그런데 2달 동안은 효과를 잘 모르겠다고 하시더니 3개월 후부터는 호전반응이 세게 온 이후부터 호전되기 시작하여 지금은 엉겅퀴가 일상생활에 가장 핵심으로 등장하였다 하시면서 컨디션이 좋다고 하시기에 양자분석을 하여 드렸는데 경사가 났습니다.

양자분석 결과 간 기능 정상, 신장 기능 정상, 위 기능 흡수력은 조금 떨어지지만 거의 정상 수준이며 푸석푸석하던 머릿결이 윤기가 나고요.

저와 더불어 언니까지 엉겅퀴 효과를 잘 보면서 감사글 올립니다.

7. 눈에 모래 뿌려놓은 것처럼

저는 50세이고, 태어날 때부터 간과 신장이 약하게 타고났어요. 그래서 잘 피곤하고 눈이 늘 모래 뿌려 놓은 것처럼 꺼끌꺼끌하고 눈물이 잘 났습니다. 그런데 엉겅퀴를 먹고 난 후부터 피곤도 덜하고 눈이 뻐근하지 않고 맑아져서 너무나 좋습니다.

전 아침저녁으로 한 포씩 먹고 있습니다. 첨 출시 되었을 때부터 꾸준히 먹고 있으니 앞으로 더 건강해지리라 믿습니다. ^^

제 주위에 모든 분이 건강하실 때까지 열심히 엉겅퀴를 알리겠습니다. 체험담을 전해 드릴 기회를 주셔서 고맙습니다. 신념을 가지고 하시는 사업이 더욱더 승승장구하시길 기도드립니다.

8. 성인병이 호전되었어요

엉겅퀴에 대한 확신을 가지고 있는

부산 **이남**○

처음 임실 엉겅퀴를 접했을 때는 솔직히 '이 맛없는 것을 누가 먹지?'였습니다. 그러나 여러 번의 강의를 들으면서 차츰 엉겅퀴에 대해 다시 알게 되었습니다.

자랑은 아니고요. 사실 신랑은 당뇨, 고혈압, 고지혈증 등 대한민국 성인들이 가지고 있는 다양한 질병을 가지고 있습니다. 제가 엉겅퀴에 대한 확신을 갖고 남편에게 적극적으로 권했고, 특히 섭취 한 달 후 혈액검사에서 모든 성인병 증상들이 호전되는 것으로 나타나면서 이제는 고정 고객이 되었습니다.

또 주변 분들이 피부가 맑아졌고, 배가 많이 들어간 것 같다고 한 말들이 결정적인 역할을 한 것 같습니다. 소를 물가에 데려갈 순 있어도 억지로 물을 먹일 수는 없듯이 본인이 원하지 않고, 특히 효과가 없다면 누가 가시엉겅퀴를 먹을까요?

하루 두 봉씩 매주 10봉씩 챙겨가는 남편에게 좀 더 가져가서 주변 분들에게도 권하라고 했지만 자린고비 남편은 다른 사람이 가져가지 못하게 숨겨 두고 혼자서만 드신다나요. 주변 사람들에게 전달하고 싶은 저의 마음은 뒤로한 채 말입니다. 이것 또한 언젠가는 해결될 문제라고 봅니다. 저의 꿈은 남편이 처방받고 있는 약들을 줄여가면서 주변의 많은 분에게 임실 가시 엉겅퀴를 통해 건강전도사가 되는 게 저의 꿈입니다.

임실 가시엉겅퀴 사장님이 제가 '먹어도 맛없는 이것을 왜 먹나요?'에 대해 답하신 말씀이 생각나네요.

"너무나도 확신에 찬 반전이지 않나요? 저 또한 확신을 가지고 이 사업에 매진하겠습니다."

여러분 모두 파이팅! 임실 가시엉겅퀴 파이팅!

엉겅퀴꽃 꽃꽂이

9. 과음을 일주일에 3-4회 하는 사람입니다

이재○

충북 청주 53세, 남

저는 53세 남자입니다. 평소 스트레스도 많이 받고 회식도 많은 직업이다 보니 술을 먹는 날이(과음) 1주일에 3~4일 정도입니다. 친구한테서 하이리빙 제품 중 가시엉겅퀴가 술을 많이 먹는 사람한테 좋다는 이야기를 전해 듣고 밑져야 본전이라는 생각으로 가시 엉겅퀴를 먹게 되었습니다.

아침에 출근할 때 1포씩 먹게 되었는데 (저한테 엉겅퀴를 전해 준 사람이 1주일 간격으로 어떤지 물어보며 체크함) 몸에 어떤 기운이랄까 피곤함이 개선되는 것을 느끼게 되었지만 물어보는 사람에게는 잘 모르겠다고 거짓말을 하는 저를 발견하게 되었습니다.

한 달 만에 만난 친구가 저를 보더니 눈알이 많이 깨끗해졌다고 이야기했습니다. 그 이야기를 들으면서 솔직하게 몸에 개선된 점을 이야기하게 되었습니다. 피곤함도 덜하고 발기도 잘되고 눈알이 아주 깨끗한 점 등을 이야기하며 가시엉겅퀴는 꾸준히 먹어야 하겠다고 친구한테 이야기를 했습니다.

가시엉겅퀴를 먹으면서 지금 생각해 보니 하루 한 알 먹던 혈압약도 끊고 또 담배도 끊게 되었습니다.

좋은 인연으로부터 시작된 만남이 건강을 되찾게 되는 멋진 기회가 되었습니다. 감사합니다.

나. 어혈, 혈액순환 분야 체험사례

1. 엉겅퀴는 나를 낫게 해 주고 아기까지 낳을 수 있도록 해준 생명의 은인입니다

양순○
전북 전주 성덕 74세
본 사례는 필자가 취재한 사례입니다.

지금 74세 되시는 양○○ 아주머니께서는 젊은 시절 몸이 너무 허약하여 18세 때 생리가 있다가 멈추어 버린 상태에서 22세에 결혼을 하게 되었답니다.

결혼을 한 뒤에도 피가 부족하고 혈액순환이 잘되지 않은 관계로 매일 심장병 약을 복용하고 있었으며 몸이 얼음장처럼 차갑고 류머티즘성 관절염으로 손마디가 붉어지며 저리고 아리며 몸이 뚱뚱해지면서 생리 또한 나오지 않은 상태였답니다.

결혼 4년째인 8월 어느 날, 시아버님께서 인근에서 용하다는 한의사 네 분을 한꺼번에 초청하여 본인을 합동으로 협진한 결과 수태(임신)는 불가능하다고 말씀하시면서 엉겅퀴를 즙을 내어 매일 복용하라는 말씀을 들려주고 가셨답니다.

그다음 날부터 인근에 있는 친정 동네(완주군 이서면) 뒷산에 부지기수로 자라고 있는 엉겅퀴를 친정 부모님께서 매일 2관(8kg)씩 채취하여 조달하여 주셨으며 엉겅퀴를 돌절구에 갈아서 즙을 내어 엉겅퀴 녹즙 한 대접과 막걸리 한 대접을 매일 2회 이상씩 6개월 동안 마시게 되었답니다.

그렇게 2개월을 마시던 때부터 몸에서 부기가 빠지면서 얼굴에 혈색이 돌아오고 류머티즘성으로 저리고 아프던 손마디에 힘이 주어지면서 호전되더니 하루는 막혔던 생리가 툭 터지게 되었답니다.

그로 인하여 바로 지금의 큰딸을 임신하게 되었고 임신 중에도 엉겅퀴를 꾸준히 계속 복용을 하였으며 그로 인하여 몸이 완전하게 건강해져 2남 3녀의 자녀를 두게 되었고 74세가 된 지금에도 마을에서 제일 건강한 사람이라고 자랑을 하시네요.

취재를 할 당시에도 본인께서 산에서 캐어다가 텃밭에 심어 놓은 엉겅퀴를 자랑하시며 엉겅퀴가 자기를 살려준 은인이라고 말씀하시며 아들, 딸들과 사위 들에게도 엉겅퀴를 마시게 하고 있다고 하시네요.

이러한 사례들이 과학적으로 증명하기는, 그리고 그 효과들을 속단하기는 아 직 어렵지만 소중한 체험 사례인 것은 분명하며 엉겅퀴에 대하여 알면 알수록 그 영험함에 놀랄 수밖에 없네요.

전주 덕진구 성덕동에서 취재하며 찍은 사진(2013년 5월 20일)

2. 갑자기 떨리는 다리 엉겅퀴로!!!

홍성○
전북 익산 75세
본 사례는 필자가 취재한 사례입니다.

홍성○ 씨는 1940년생으로 75세의 연세로 전북 익산 함열에 살고 계시는 분이다. 홍성○ 씨는 젊은 시절부터 장거리 화물트럭 등 운전을 하여온 분으로서 당시에는 원광대학교 학교 버스를 운전하던 어느 여름날부터 다리가 덜덜덜 심하게 떨리는 증상이 나왔다고 합니다.

이때 부인인 강원○ 여사가 마침 건조된 엉겅퀴가 조금 있어서 엉겅퀴를 진하게 달여서 누룩으로 쌀 술을 만들어 3일 만에 걸러서 엉겅퀴술을 먹도록 했더니 신통하게도 다리가 떨리는 증상이 멎어 계속하여 엉겅퀴를 소주에 담가 평생을 상시 복용을 하고 있답니다.

그래서 그런지 75세가 된 지금도 개인택시를 운행하면서 병치레 없이 건강한 생활을 하신다는데 본인께서는 엉겅퀴를 만병통치약으로 알고서 본인과 부인은 엉겅퀴 없이는 못 살 정도라고, 엉겅퀴를 극찬하는 예찬론자가 되셨네요.

3. 꿈쩍도 하지 못한 몸 엉겅퀴가 살렸어요!!!

강원○
전북 익산 함열 72세
본 사례는 필자가 취재한 사례입니다.

강원○ 여사는 1943년생 72세로 전북 익산 함열에 살고 계시는 분이다. 강 여사의 엉겅퀴 체험담부터 시작된 두 분의 엉겅퀴 예찬을 간추려 본다.

강 여사가 결혼을 해 첫째 아기가 기어 다닐 무렵인 23세 때 이야기로 거슬러 올라간다. 당시 추운 늦가을에 가족들의 많은 빨래를 마을 빨래터에서 하고 몸이 얼어 추위를 녹이려고 방에 들어가 누웠다가 잠이 들었는데 소변이 마려워 잠을 깨 일어나려 하였는데 몸이 방바닥에 딱 붙어버린 것처럼 하반신이 움직여지질 않아 일어날 수가 없었다고 한다.

그때 밖에 있던 남편도 이를 보고 크게 당황하였으며 어머니를 불러 오줌이 마려워 죽겠으나 몸을 일으킬 수가 없다고 하니 시어머니가 그냥 옷에다 소변을 보라 하여 그대로 옷을 입은 채 소변을 볼 정도로 움직이지 못한 상태에 이르게 된 것이었다.

남편이 동네 의원을 찾았으나 출타 중인 관계로 찾지 못하고 마침 동네 주민이 일러준 응급처방으로 엉겅퀴를 돌절구에 술과 함께 짓이겨 찧어서 엉겅퀴 기름이 둥둥 뜬 엉겅퀴 생즙을 한 사발 마시고 누워있다가 세 시간 여 만에 힘겹게 앉을 수가 있었다고 한다.

그리고 3일 동안 엉겅퀴 생즙을 계속 마신 뒤부터 걸어 다닐 수 있을 정도로 회복이 되어 그 뒤부터는 엉겅퀴로 동동주도 만들고 소주에 담가 먹기도 하며 평생을 엉겅퀴와 함께한다고 합니다.

4. 삐끗하여 움직일수 없었던 허리통증 엉겅퀴로 .....

안재○
전북 임실 62세

올해 62세 되는, 평생 농사만 지어온 농민입니다. 제가 21세 되는 해에 자전거에서 쌀 한 가마(당시 90kg)를 방앗간에서 운반해 와 내리는데 허리가 삐끗하여 그 자리에 주저앉고 말았습니다. 그런 뒤 앓아누워 한 일주일 정도를 꼼짝할 수 없어 누워서 식사를 할 수밖에 없을 정도로 심하게 통증을 호소하며 병원에도 다녀보고 약도 먹어 보고 물리치료도 받고 해봐도 속수무책이었습니다.

그러던 중 지금은 작고하신 아버님께서 어머니에게 뒷산에 가서 엉겅퀴를 채취해 오라고 말씀하시었습니다. 얼마 후 어머니께서 소쿠리에 꽤 많은 양의 엉겅퀴를 캐 오시니 아버님께서 뿌리만 잘라 돌절구에 짓이기시라고 말씀하시니 어머니께서 철이 늦어 이파리가 많이 자랐으니 그냥 전부 찧어서 먹이겠다고 하시고 아버님과 어머님이 말다툼하시는 걸 방에 누워있는 제가 들은 기억이 납니다.

한참 후에 어머니가 방에 누워있는 저에게 스테인리스 밥그릇으로 한 사발의 액체를 주시기에 가까스로 일어나 쳐다보니 걸쭉하고 새파란색의 액체가 한가득 담긴 아주 먹기도 역겨운 것을 약이니 먹어보라고 하셔서 그냥 눈을 질끈 감고 마셨습니다. 그때는 술을 배우지 못한 때라 엉겅퀴를 짓이겨 독한 소주에 담가 놓은 것을 한 대접 마시고 곯아떨어져 오랫동안 잠이 든 것으로 기억됩니다.

다음 날 잠에서 깨어 조심스럽게 몸을 움직이니 이게 웬일인지 그렇게 아프던 허리가 가뿐하고 몸이 아주 가벼워졌음을 느낄 수 있었습니다. 정말 나을 때가 되어서 나은 건지, 약효가 좋아서 나은 것인지는 모르겠지만 그 후로 허리가 아파 일을 못 하는 일은 없었습니다.

그 후 한동안 까마득히 잊고 지내고 있었는데 결혼을 해서 아이가 생기고 저희 집사람이 허리 통증을 호소하며 고생을 하기에 가만 생각해보니 전에 제가 허리가 아파 엉겅퀴 술을 먹고 나았던 기억이 나서 어머니에게 전에 제가 먹었던 엉겅퀴 술을 어디에 두었느냐고 물었더니 도장방에 두었던 것 같다고 하시기에 뒤적여 보니 큰 소주병에 아랫부분은 새까맣게 가라앉고 윗부분은 노란색의 액체로 변해 있었습니다.

지금도 술 한 모금 못 마시는 집사람에게 약이니 마셔보라고 맥주 컵으로 한 컵을 따라주니 마시고 효험을 봐 지금까지 저희 부부는 허리가 아파 일을 못 하는 경우는 거의 없을 정도로 잘 지내고 있습니다.

최근에 엉겅퀴가 매스컴에서도 다시 효능이 부각되어 많은 사람이 복용을 하신다는 소리를 듣고 보니 새삼 그때 정말 좋은 약을 작고하신 아버님께서 저희에게 먹이셨구나 하는 생각에 다시 한번 감사를 드립니다. 참고로 아버님께서는 젊으셨을 때 익산한의원에서 오랫동안 일을 하셨고 어머님께서는 지금도 생존해 계십니다.

5. 팔다리가 절여서 잠을 못잤는데

최기○

　지인으로부터 선물 받은 임실 엉겅퀴를 어머니(70세)가 한 박스 드셨다. 노모는 평소 혈액순환이 안되시는지 팔다리가 저려 거의 밤마다 잠을 못 주무셨는데 하루 2번 먹으라고 써진 임실 엉겅퀴를 잘 챙겨 드신 후 다리가 안 저리다고 한다. 노모 왈, "이거 어디서 구입하니? 다리가 안 저리네" 하신다.

　이거 믿어도 되는가? 싶지만 노모가 거짓말할 분도 아니지만 한술 더해 딸인 저한테까지 강력하게 추천하시네. 손수 사주시겠다고 생색을 내신다.

　아직 한 박스밖에 안 먹어 정확한 효능을 알 수는 없지만 몸으로 체득하신 노모의 말씀대로라면 엉겅퀴는 정말 효과 만 배 식품임은 틀림없다. 다시금 임실 엉겅퀴를 지인으로부터 받아서 아침저녁 꼬박꼬박 잘 챙겨 드신다.

　평소 고생하시던 노모가 이 식품을 통해 조금이나마 편히 주무실 수 있다는 사실만으로도 감사드린다.

　엉겅퀴가 노인분들의 혈액순환에 짱인가 봅니다.

6. 살갗속에 벌레가 기어다니는 느낌

임점○
인천광역시

저의 어머님 연세가 84세이십니다. 그 연세이신 분은 젊은 시절 많이 고생하신 분이죠.

2년 전쯤 살갗 속에서 벌레가 기어 다니는 느낌 때문에 신경이 쓰이고 가려워서 긁으면 피가 날 정도이니 괴롭기 그지없는데 병원에 가면 아무런 진단이 나오지 않아 치료 방법이 없어 가족 모두는 안타까운 마음만 가질 뿐이었지요.

가시 엉겅퀴 강의를 듣고 어혈, 혈액순환, 염증에 효과가 있다면 한 번 체험해 봐도 좋다는 생각으로 어머니의 살갗 속에 벌레 기어가는 느낌과 가려움증으로 피가 나도록 긁어서 상처를 내시는 것이 좋아질 수도 있을 거라는 조그마한 기대를 가지고 실험 삼아 사서 드시게 했는데 2달 정도 드시고 가려움증이 사라져 괴로움을 호소하지 않게 되었답니다.

혹 저의 어머니처럼 이런 증상으로 고생하시는 분이 계신다면 도움이 되었으면 하는 바람으로 감사의 글을 올립니다.

7. 뇌진탕으로 쓰러져 뭉친 어혈

김태○

경기 수원

부정맥이 있는 사람인데 등산을 하다가 뇌진탕을 겪었습니다. 뇌진탕으로 쓰러질 때 생긴 뭉친 어혈로 인하여 온몸에 혈액순환이 잘 안되어 몸 상태가 매우 안 좋았는데 특히 혈액의 콜레스테롤과 혈중 중성지방이 양자측정을 하여보면 중도 이상이 되었었습니다.

꾸준하게 엉겅퀴를 매일 아침저녁으로 유리잔에 물과 함께 부어서 6개월 정도 섭취하고서 양자측정을 하여보았는데 혈행 부분에서 완전하게 정상이 되었습니다.

피곤함도 없고 관절 부분도 굉장히 편해졌습니다.
엉겅퀴 넘 좋습니다. 최고입니다.

부위별 엉겅퀴

8. 어혈이 풀린 것 같아요

최종○
서울 강북

올해 4월 30일부터 15일 동안은 하루에 2포씩 먹고 신장도 약하고 허리도 조금만 일을 해도 허리가 좀 아팠는데 5월 중순쯤 갑자기 아침에 허리가 펴지지 않을 정도로 아파서 왜 이러지, 하면서 며칠을 보내고 보니 아차 내가 가시 엉겅퀴 골드를 섭취하고 있지 생각하고 대표님께 전화를 드렸습니다.

그 뒤로 제가 조절해서 섭취를 했고 일주일 정도 그렇게 아프다 어느 날부터 아프지 않았고 또 10월에는 예전에 뇌를 좀 다쳐 수술을 했는데 왼쪽 뇌가 욱신욱신 3~4일 그래서 왜 이러지, 했는데 괜찮아 지더라고요. 참 신기합니다.

그래서 지금까지 섭취하고 있는데요, 허리도 좋아져 좀 힘들게 일을 해도 허리가 아픈지 모르겠고 머리도 제가 생각할 때는 계단에서 굴러 어혈이 있었는데 풀린 느낌이라고 해야 할까요? 엉겅퀴가 정말 효능효과가 탁월한 것 같아요.

이렇게 제가 섭취하고 좋으니까 광고를 많이 하게 되어서 연세가 77세 되신 분이 하지정맥. 골다공증으로 밤에 쥐가 나서 고생도 많이 하시고 몸이 몹시 차서 누구와 악수를 하면 얼른 손을 뺄 정도로 손발이 차갑고 참 안타깝게 생각하다 제가 가시 엉겅퀴 골드를 권해 드시고 며칠 지나지 않아 여쭈어보니 손에서 땀이 나고 그 차갑던 몸이 따뜻해지기 시작한다면서 매우 고맙다고 하더군요.

요즘은 밤에 쥐가 잘 나지 않아서 잠을 푹 자니 컨디션도 좋고 그래서 혼자 드시다가 남편분이 뇌졸중으로 쓰러지셔서 몸을 자유롭게 못 쓰시는데 지금은 두 분 다 엉겅퀴를 들고 계십니다.

9. 혈압이 정상으로 내려왔어요

권태○
63세

제 나이는 63세입니다. 유전적인 점을 감안한다지만 혈압약을 복용한 지 20년 정도 됩니다. 오메가 등 14년을 꾸준히 엔트리와 수영으로 관리를 하고 있지만 혈압약을 끊을 순 없었습니다. 때론 갑자기 수치가 많이 올라가 겨우 약을 먹어야 100~140mm Hg이었습니다.

엉겅퀴를 만나자 하루 2봉씩 꾸준히 섭취하면서 며칠 뒤엔 담배를 피워서인지 나른하고 힘이 없었지만 곧 나아졌습니다. 간이 좋아지는 증상이라 생각은 했지만 두 달 정도 지난 시점에 병원에 갔더니 담당 의사가 뭘 드셨냐고, 혈압이 90~120mmHg이라고 하네요.

식생활 변화는 엉겅퀴 말고는 없었습니다. 그리고 보니 함께 사업하시는 분들 얘기가 복용 후 2, 3주 후부터 혈압수치가 내려가신 분들이 꽤 계셨습니다. 산삼을 먹고 나른하긴 했지만 혈압이 정상이 된 적은 처음인지라 엉겅퀴 제품에 한없는 신뢰가 갑니다. 혈압에는 효과가 바로 입증되고 있습니다.

10. 뇌경색으로 편마비가

이은○
경기 수원

2년 전, 존경하는 선생님께서 '갑자기 뇌경색으로 왼쪽 편마비가 되셨다'는 소식을 듣고 충남 홍성으로 내려갔습니다.

항상 씩씩하게 농사를 지으시던 선생님께서 침대에 누워계신 모습을 뵙고 생각한 토종 풀꽃, 보랏빛 예쁜 엉겅퀴가 생각났습니다. 어혈을 풀어주는 임실 가시 엉겅퀴를 권해드렸고, 오랜 당뇨로 탁해진 혈액을 깨끗하게 하고, 뇌혈관을 회복시켜주는 가시엉겅퀴 진액을 드시기 시작하셨습니다.

2년을 꾸준히 드신 결과, 지금은 지팡이를 짚고 1시간 정도 산책하실 정도가 되었습니다. 고장 난 혈관, 탁해진 혈액 그리고 소중한 성분(Circimartin)이 간, 췌장, 신장의 기능까지 회복시켰음에 감사가 절로 나옵니다.

11. 34살에 아이를 낳고 36살에 자궁적출을 하였습니다

김혜○

충북 청주

34살에 아이를 낳고 36살에 자궁적출을 하였습니다. 혈액순환이 잘 안돼서 몸도 많이 붓고 자다가 손에서 쥐가 나곤 했습니다. 예전보다 금방 피로하며 쉽게 지치곤 했습니다.

어머님 아는 지인을 통해 엉겅퀴를 먹게 되었는데요. 우선 화장실에 가서 소변도 시원하게 보고요. 손, 발 저리는 것도 많이 좋아졌고요. 덜 피곤합니다. 단 꾸준히 먹다가 잠깐 안 먹어봤는데 먹는 거랑 안 먹는 게 차이가 크다는 걸 느꼈어요.

피곤하지 않은 게 정말 신기합니다. 꾸준히 먹어보려 합니다.

10월 채취 엉겅퀴

12. 산후풍 극복하였어요

박선○

충북 청주

저는 청주에 사는 두 아이의 엄마입니다. 2017년 첫 아이를 출산하고 몸이 많이 아팠습니다. 8월 무더위라 에어컨을 잠깐씩 틀어서인지 산후풍이 온 것입니다. 왼쪽 손목은 끊어질 듯 아파서 집안일은 고사하고 아이 분유 주는 것도, 목욕시키는 것도 울면서 억지로 해야만 했습니다. 허리는 누워도 아프고 서 있어도 아프고, 악 소리를 내면서 움직여야 했습니다.

용하다는 한의원에서 한약도 10개월 정도 먹어보았고 유명한 산후 마사지도 집으로 불러서 받아보고, 시각장애인에게도 마사지와 척추 교정을 받아보았고, 고쳐보려고 안간힘을 써보았지만 호전이 없었습니다. 정말 이러다 죽겠구나 싶을 만큼 힘들었습니다.

이렇게 고통의 시간을 보내고 있을 때 피부관리실 원장님에게 가시 엉경퀴가 산후관리와 어혈을 뚫어주는 데 좋다는 말을 듣고 정말 속는 셈 치고 먹어보게 되었습니다.

그런데 이게 머선 일이고?? 한 달 정도 먹었을 때 허리와 손목에 통증이 사라지는 것입니다. 점점 손목 보호대와 허리 보호대 빼놓고 생활하게 되었고 내가 아팠다는 사실을 잊게 되었습니다. 살 뺄 생각은 꿈도 꾸지 않았는데 임신 전 몸무게인 45kg으로 돌아왔습니다. 9kg이 순식간에, 다이어트 약인 줄 알았습니다.

사람들은 어떻게 살을 뺐냐고 묻는 사람이 많았습니다. 난 몸이 아파서 먹은 것인데~ 얼굴 혈색이 좋아졌고 밥맛도 좋아지고 소화도 잘되었습니다. 아플 때는 먹는 둥 마는 둥 대충 먹어도 살이 안 빠졌는데 잘 먹는데도 오히려 살이 찌지 않았습니다. 내 몸에 나쁜 찌꺼기가 다 빠진 듯 했습니다.

처녀 때부터 수족냉증이 심해서 제 손을 잡으면 '얼음장이네' 했었는데 지금은 혈액순환도 잘되고 손발이 따뜻해졌습니다. 4년 뒤, 출산 후의 고통이 너무 싫어서 둘째는 절대 낳지 않을 거라던 제가 2021년 2월에 둘째를 출산했습니다.

이번엔 엉겅퀴가 있다는 믿음으로 임신 중에도, 출산 후에도 아픈 데 하나 없이 건강하고 활기찬 생활을 하고 있습니다.

저를 살려준 고마운 임실 엉겅퀴, 제 인생에서 엉겅퀴를 만난 것은 축복입니다.

다. 관절염관련 분야 체험사례

1. 무릎통증, 완전히 빠졌어요

진현○ 모친
전북 임실

병원 약을 10년 넘게 먹었는데요. 먹고 나서도 통증은 계속 왔습니다. 통증이 와서 오만 짓을 다 해도 안 되더니 이 엉겅퀴를 먹고는 제가 한 2개월 되니까 완전히 통증이 무릎에서 빠졌습니다.

요즘 같으면 살 것 같아요. 엉겅퀴를 먹고 내가 이렇게 건강해지고 몸이 날아갈 것 같으니까 아주 살 것 같습니다.

※ 본 천기누설에 방송되었던 분은 무릎 관절염으로 아주 오랫동안 고생하신 분입니다. 2014년 봄부터 엉겅퀴를 드시고 부치면서 무릎 관절의 부기가 빠지고 통증이 완화되어 매우 좋아하시는 분으로서 6년이 지난 지금도 자전거를 잘 타고 다니시면서 건강을 유지하고 계시네요.

2. 무릎관절염 통증이 사라졌어요

양숙○

　저는 십 년 넘게 무릎 관절염을 앓고 있었는데 정형외과에 가서 사진을 찍어보니까 딱 붙어 있던 연골이 0.5cm 정도 떨어져 있었습니다. 그러던 중 친한 동생이 엉겅퀴가 관절염에 좋다고 전해 줘서 먹기 시작했습니다. 1박스를 먹었을 때인 한 달쯤 지났을 때, 아프던 무릎이 안 아픈 거예요.

　한 4박스 정도 섭취한 지금은 장시간 걷고 난 후를 제외하면 통증이 없어서 살 것 같아요.

　통증 때문에 힘드신 분들께 강추합니다.

임실 엉겅퀴 농장의 6월 풍경

3. 퇴행성 관절염에 엉겅퀴 최고입니다

최창○

충북 청주 83세, 남

83세 농부입니다. 병원에서 퇴행성 관절염이라는 진단을 받고 앉았다 일어서는 일이 고통이었습니다. 가족들과 여행을 가도 걷질 못하니 너무 고통스럽고 가족들에게 미안한 생각으로 항상 집에 있겠다고 고집을 피우는 날이 더 많았습니다.

우울했고 걷지 못하니 삶의 질은 떨어지고 화만 자꾸 나서 아내도 힘들게 했습니다.

그러던 중 딸이 엉겅퀴를 보내줬고 하루 두 번 꾸준히 복용한 결과, 어제는 논에 벌레를 쳤습니다. 아침에 일어나는 것도 개운했고 옷에 소변이 묻는 것도 해결이 되었습니다. 눈에도 눈곱이 항상 끼었었는데 지금은 그렇지 않게 살고 있습니다.

엉겅퀴 최고입니다.

4. 퇴행성관절염

박선○
충북 청주

다리가 아파 병원에 갔더니 퇴행성 관절염 외에 협심증도 있고 신장도 좋지 않다는 진단을 받았습니다. 무엇보다 다리가 어찌나 아픈지 밤잠을 설치기 일쑤였습니다. 농사를 많이 짓고 70을 앞둔 늙은 몸뚱이로 트랙터나 이양기 등 농기계를 다루다 보니 아플 수도 있다지만 다리를 절뚝이는 신세가 서럽고 야속했습니다.

그렇게 의기소침해 있을 때 하이리빙 사업을 하시는 김○○ 씨를 만나 가시 엉겅퀴 추천을 받았습니다. 의심이라기보다 무작정 먹을 수 없어서 아들에게 알아보라 했더니 가시 엉겅퀴엔 항산화 성분이 풍부하여 간 해독은 물론 혈액순환을 돕고 어혈을 풀어주어 자기도 먹어야겠다고 하더군요.

바로 김○○ 씨에게 연락해서 6개월분을 구매해 섭취한 3~4개월 뒤부터 피곤이 눈에 띄게 줄고 전체적인 건강을 찾게 됐습니다. 너무 고마워서 김○○ 씨를 만날 때마다 '당신은 내 생명의 은인이요' 인사를 하는데 그때마다 김○○ 씨는 '내가 아니라 가시 엉겅퀴가 은인일 겁니다' 합니다.

김○○ 씨 본인도 가시 엉겅퀴로 오랜 지병을 고친 경험이 있어서 사업을 하는 것이기 때문에 누구보다 가시 엉겅퀴에 대한 효과를 확신하고 있었습니다. 지금은 저도 주변 사람이 저와 같은 증상으로 힘들어하면 가시 엉겅퀴를 소개해주고 있는데 저 역시 가시 엉겅퀴를 소개해줘서 고맙다는 인사를 듣고 삽니다.

4. 무릎 통증이 심하였습니다

○○○
인천
본 사례는 필자가 취재한 사례입니다.

어느 날 새벽에 문자로 사진이 들어왔습니다. 인천에 사시는 분의 무릎 부위가 벌겋게 멍이 든 사진이었습니다.

전화를 하여 왜 그러냐고 물어보았더니 무릎이 좋아져서 사진을 보냈다 합니다.

이유인즉슨 오래된 고질병으로 무릎이 아리고 아파서 고통에 엄청 시달렸었는데 엉겅퀴 크림을 계속 발랐더니 무릎 부위에 빨갛게 발진이 생기면서 무릎 통증이 완화되기 시작하였다 합니다.

그 뒤 사진을 다시 보내주셨는데 멍이 많이 사라진, 호전되어 있는 사진이었습니다. 통증이 사라지고 있다고 너무 좋아하시네요.

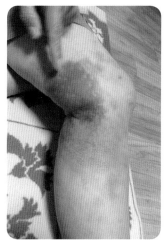 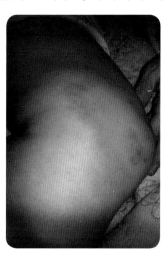 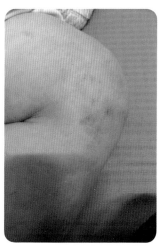

무릎 통증 증상   무릎 통증 증상   상당히 호전된 무릎

5. 발목을 삐었는데 멍이 들지 않았어요

필자의 사례입니다.

필자의 사례입니다. 2021년 여름날 농장에 갔다가 발목을 심하게 삐었습니다. 곧바로 엉겅퀴 크림을 듬뿍 바르고 바로 한의원에 가서 침을 맞았지요. 그런데 다른 때 같으면 심하게 멍이 들었을 상황인데도 불구하고 멍이 생기지 않은 것입니다. 물론 통증도 덜하였고요.

엉겅퀴의 어혈을 풀어주는 효능으로 멍이 들지 않는 것 같습니다. 옛날부터 발목을 삐게 되면 엉겅퀴를 짓이겨 환부에 붙이면 신통하게도 쉽게 낫는다는 사례들이 많기도 합니다.

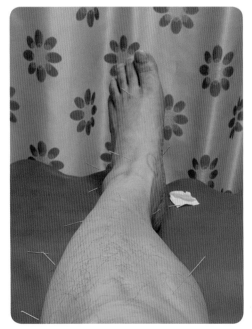

삔 발목에 침 맞는 모습

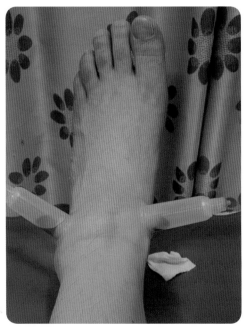

삔 발목에 부항 뜨는 모습

라. 암 관련 분야 체험사례

1. 전립선 암극복사례입니다

울산에서 박다○ 님께서 보내주신 사연입니다.

※ 양산에 사시는 60대 중반의 남성분입니다. 저를 처음 만날 때는 2021년 7월이었습니다. 전립선암이 있어서 수술 후 방사선 치료와 항암 치료를 하시다가 전이가 되었습니다. 전이된 부위는 복부, 림프선 그리고 척추 뼈에 전이가 되어서 4기 말기 암 상태셨습니다.

7월부터 엉겅퀴를 하루 두 포씩 먹기 시작했습니다. 뼈로 전이된 상태여서 치료 방법이 항암 약을 먹는 방법밖에 없었기에 병원 치료와 함께 엉겅퀴를 먹기 시작했습니다. 피를 맑게 해주고 간을 살리면 살 수 있을 거로 생각하며 부지런히 먹었습니다. 아침에 일어나 음양탕 한잔한 후, 조금 후 엉겅퀴를 한 포, 저녁 식사 후 공복에 한 포.

추석 명절 전에 서울에 병원 검진을 받으러 갔습니다. 암 수치가 6이던 것이 이때 검사상 0.2로 내려왔다는 선생님 말씀에 더욱 희망이 생기고 감사했습니다.

엉겅퀴 먹고 2개월 조금 지난 상태였는데 체력도 좋아지는 것 같아 운동과 물마시는 습관 그리고 온열요법과 함께 엉겅퀴를 감사해하며 계속 꾸준히 먹었습니다.

그리고 1월 설 연휴 전에 검진을 또 다녀왔습니다. 검사하고 약을 타야 하므로 병원은 거의 2달 만에 가고 있습니다.

암 수치가 0.2이였는데 0.0008로 나와 의사가 깜짝 놀라 했습니다. 약이 잘 맞는다고 의사는 말을 했습니다. 저는 0.0008은 어떤 수치냐고 여쭈었더니 의사선생님께서는 거의 암이 없다고 보아도 된다고 했습니다. 그러면서 척추 전신에 걸쳐 암이 지나간 자리라며 사진을 보여주셨는데 까맣게 암이 지나간 흔적만 보였습니다.

병원을 나오며 부부는 껴안고 울었습니다. 너무나 기뻐서, 또 희망이 보여서~

2달에 한 번 검진 갈 때마다 암 수치는 거의 없다고 하셨고 이 정도는 약을 안 먹어도 되지만 만일을~ 위해서 의사쌤께서는 암 약을 처방해주셨어요. 당분간은 처방대로 약과 엉겅퀴를 병행하고 1~2달 후쯤부터는 약은 먹지 않을 거라 생각하고 있습니다. 그때는 엉겅퀴만 계속 먹으려고 생각 중입니다.

부부의 생명을 살린 엉겅퀴입니다. 너무나 감사하고 엉겅퀴를 탄생시킨 대표님께도 감사드리고, 하이리빙에도 감사드립니다. 알려주신 박○○ 사장님께도 감사드립니다.

※남편의 아내는 당뇨인데 남편이 드시는 엉겅퀴를 함께 먹고 식습관 관리를 통해 지금은 혈당수치가 정상으로 나오고 있습니다.

마. 당뇨분야 체험사례

1. 당뇨, 정상 유지되고 있습니다

최대○

충북 청주

저는 당뇨로 약을 믿으며 여러 해 동안 복용하다 보니 여러 가지 병들이 커져 만 갔습니다. 약을 먹어도 당뇨가 잡히질 않았고, 당뇨 때문에 마음이 늘 무거 웠습니다.

화장실에서 소변을 볼 때 아내가 소리를 지르며 송장 냄새가 난다며 살고 싶 으면 가시 엉겅퀴 먹어보라고 했습니다. 엉겅퀴가 풀 종류인데 무슨 약이 되겠 는가 했지요.

'아, 이러다 당뇨로 죽을 수도 있겠구나'란 마음이 들어 한 번 먹어보았습니 다. 정말 독한 냄새가 차츰차츰 없어졌고 지금은 당뇨도 정상 유지하며 엉겅퀴 는 3년째 먹고 있습니다.

저의 형제와 아는 분들에게 '엉겅퀴를 먹으면 당뇨병 고생 안 해도 돼'라고 소 개 많이 하고 있습니다.

우리나라에 이렇게 좋은 엉겅퀴가 있다는 게 자랑스럽습니다.

2. 당 수치가 뚝 떨어졌어요

백영○
충북 청주

저는 건강한 체질이라 당뇨는 저하고는 상관없는 남의 일로만 알고 살던 어느 날, 50대 중반 생리가 끝나면서 당뇨라는 진단을 받았는데 너무 충격이었어요.

병원에서 당뇨약을 차츰차츰 강한 약을 처방해주셨지만 당이 잡히질 않았어요. 늘 고민하며 주위에 아는 친척이 당 괴사로 사망하는 것을 보며 정신을 차리자, 고치고 말겠다는 심정으로 임실 가시 엉겅퀴를 먹고 1개월 후 병원에 가서 당 체크했는데요. 수치가 뚝 떨어졌어요. 정말 하늘을 날아갈 것만 같았습니다.

의사 선생님이 놀라시며 '음식은 뭘 먹느냐'고 하시기에 엉겅퀴라 하면 화내십니다. 아침에 운동하며 채소 위주 식단 관리한다고 대답했더니 잘하고 있다며 칭찬하시네요.

엉겅퀴가 정말 좋습니다. 주위에 아는 분들에게 병색이 보이면 엉겅퀴 드시라 합니다.

바. 기타분야

1. 엉겅퀴로 11세 어린아이의 IGA 신장병을 고쳤어요

필자가 직접 취재한 사례입니다.

2013년 5월 20일 저녁에 필자는 경기도 오산시에 사시는 전○○ 님과 침술원을 하시는 전○○ 선생과 함께 원○○(73세)의 안내를 받아서 원○○ 씨의 외손자가 살고 있는 딸 집을 방문하게 되었습니다.

원○○ 씨의 외손자(13세)는 11세 때 갑자기 어지럼증과 함께 눈이 부으며 혈압이 높이 오르고 혈뇨와 혈변이 수반되는 IGA신장병이 발병하여 위급한 상태가 되었다고 합니다.

병원에서 진료한 결과에 의하면 갑자기 면역체계의 이상으로 말미암아 신장을 감싸고 있는 신장의 막에 구멍이 뚫려 혈뇨, 혈변이 수반된 IGA신장병 증상으로 심해지면 만성 신부전증으로 발전될 수 있으며 신장세포는 재생이 어려워 매우 주의를 하여야 된다는 진단을 받았다고 합니다.

이때 마침 오산에 살고 있던, 혈액 투석까지 하였던 환자께서 전○○ 님의 형님께서 공급하여 준 엉겅퀴 말린 잎을 장기간 달여 먹고 신장병이 매우 호전된 체험 사례가 있기에 전○○ 씨와 친분관계에 있던 원○○ 씨께서 엉겅퀴 마른 잎을 구하여 어린 손자에게 엽차 끓이듯 엉겅퀴 잎을 연하게 끓여서 매일 수시로 마시게 하였답니다.

그로부터 8개월 만에 고치기가 어렵다던 IGA신장병 완치판정을 병원으로부터 받았으며 지금은 축구를 매우 좋아하는 소년으로 건강하게 자라고 있더군요.

2년이 지난 지금도 그 소년을 물론이고 온 가족이 항시 엉겅퀴 달인 물을 마시고 있다고 하시면서 엉겅퀴 마른 잎을 보여주면서 엉겅퀴 차를 내어주시는데 엉겅퀴 향기가 매우 향기로웠습니다.

원천식 씨와 전오상 씨

다려 먹고 있던 건조 엉겅퀴

원천식씨가 담아놓은 엉겅퀴 효소

인터뷰 장면

체험담을 이야기하시는 원천식 씨 외손자 가족과 전호상 선생

밤 10시 반이 넘도록 어린 소년의 부모에게 체험 사례를 들으면서 엉겅퀴, 그 비밀스러운 효능의 끝은 어디까지인가 하고 생각을 해보았습니다.

엉겅퀴로 IGA신장병을 치료한 아이의 할아버지 일행이 찾아왔습니다. 2013년 7월 4일 비가 오는 날, 멀리 경기도 오산에서 엉겅퀴를 하우스에서 재배하신 분들과 엉겅퀴 말린 잎으로 IGA신장병에 효과적인 체험 사례를 경험한 어린아이의 할아버지인 원천식 님께서 저희 농장을 방문하여 주셨습니다.

엉겅퀴로 다양한 치료 사례들을 말씀하시면서 엉겅퀴가 널리 알려져 많은 사람이 고통에서 해방되었으면 좋겠다고 하시네요.

2. 파킨슨병 걸음걸이가 좋아졌어요

김종○
경기 수원 52세, 남

수원에 살고 있는 파킨슨병을 앓고 있는 52세 남성입니다. 당뇨도 있고 배가 불쑥 나온 데다가 걸음 걷기도 뒤뚱거리며 매우 느려터지고 비정상적이고, 부항기를 사용하면 많은 어혈과 요산까지 뭉텅뭉텅 나오는 등 매우 좋지 않은 상태였습니다.

여름부터 엉겅퀴를 하루 3봉씩 먹게 하였는데 약 20일이 지나서 체크를 해보니 340mg/dL이던 당수치가 아침 식사를 하고 나서도 120mg/dL으로 뚝 떨어졌고 잠도 잘 자며 걸음걸이가 뒤뚱뒤뚱에서 앞으로 쌩쌩 정상적인 걸음으로 회복되었습니다.

파킨슨병은 치료가 어려운 불치병으로 알고 있으며 병원 치료도 치료이기보다는 진행속도를 늦춰주는 정도였는데 엉겅퀴를 먹고 나서 호전되는 모습을 보고 확연하게 달라진 모습에 감동하고 있습니다.

3. 편마비 있었는데 엉겅퀴 먹고 마라톤

여상○
대전 50대

엉겅퀴를 만나 행복한 50대 중반 여성입니다. 39세 때부터 편마비가 와서 고생을 많이 하였습니다.

평소에도 온열요법으로 생활을 하고 있었는데 엉겅퀴를 먹고 나서부터 더욱 활기찬 생활을 하며 하루하루를 보내고 있습니다. 전 육식을 하지 않기 때문에 좋은 것이 있어도 먹지 못하는데 엉겅퀴는 순수한 풀이기 때문에 저에게는 최상인 것 같습니다.

엉겅퀴를 먹고서 처음에는 머리에서 시작하여 왼쪽 팔, 왼쪽 허리, 다리 당김 순서로 며칠을 호되게 앓더니 또 순서대로 일주일 후 완전히 회복이 되었습니다. 또한 조금만 힘들면 충정이 필요한 갑상선 기능저하가 있었는데 지금은 씩씩합니다.

올해에는 평생 처음으로 마라톤을 2회 참석하였으며 서울국제마라톤 2회 완주, 춘천국제마라톤 완주를 하였습니다.

마라톤을 하고 나서도 통증이 없는 나를 보고 깜짝 놀랐습니다.

4. 가슴이 벌렁벌렁하였습니다

박순○
서울 강북

언제부턴가 가슴이 벌렁벌렁 뛰어 구심으로 가라앉혀가며 살았습니다. 요즘에는 보심이라는 약으로 바꾸었습니다.

근래에는 고통이 잦아졌으며 후유증도 심해지고 힘든 날의 연속이었습니다. 혼자 생각이 세상 살날이 얼마 남지 않았구나, 하면서 남편도 모르는 고통 속에 지내고 있었습니다.

남편은 보일러 시공일을 하는데 항시 피곤하며 힘들어하여서 스폰서님께 말하였더니 엉겅퀴 한번 먹어 보라는 권유를 받았습니다. 그래서 남편에게 엉겅퀴를 드렸는데 간도 좋아지는 것 같고 피곤하지 않다고 하면서 저에게도 함께 먹자고 하면서 남편이 아침저녁으로 엉겅퀴를 한 봉지씩 잘라주더군요.

그때까지 스폰서님께 내가 가슴이 뛰고 벌렁거리는 것을 말을 하지 않았었는데 서울 월곡동에서 엉겅퀴 강의를 들으면서 생각해보니 내 가슴이 뛰질 않는 것이었습니다. 그리고 생각하여보니 최근에 가슴이 벌렁벌렁하는 것이 사라졌으며 고생한 것이 없이 편하게 지냈더라고요. 남편도 젊어서부터 피곤해하여 부부관계도 힘들어하였었는데 요즘은 잠자리를 부르게 되었네요.

남편은 엉겅퀴를 먹게 된 뒤부터 깊은 숙면을 취하고 피곤하지 않아 보일러 시공을 할 때 여러 개의 방에 시멘트를 발라도 피곤하지 않아 일을 도와주는 사람들이 무엇을 먹었느냐 물어본다네요. 지금은 함께 일하신 분들도 엉겅퀴를 마시고 있답니다.

5. 엉겅퀴 마시고 화생방 해제되었어요

이귀○
대구

저의 남편은 6년 전, 57세에 위암으로 위 절제 수술을 하였습니다. 그리고 5년이 지나서 위암 완치 판정을 받았습니다.

암이란 진단을 받고부터 암울한 적막 속에서도 흔들리지 않으려고 몸부림치며 마음을 가다 잡았던 세월이 회상이 됩니다. 이젠 아픈 기억조차도 지워버리고 싶어 이런저런 음식도 드리지만 제 마음은 항시 조마조마합니다.

그동안 보약 개념의 식품을 섭취하며 기력을 회복하였고, 특히 유산균은 애용할 수밖에 없었던 품목이었습니다. 유산균을 먹지 않은 날은 화장실 사용 후 화학 테러 수준의 화생방실이 되니까요. 그러던 중 엉겅퀴를 만나고 일어난 변화는 '화생방실 해제'였습니다.

남편은 화장실 사용 후 늘 미안해하며 시간차를 두고 사용하라고 하였지요. 그러나 그동안 시간이 흘렀고 완치 판정을 받은 상태라 거실까지 밀려오는 스멜이 스멜거릴 때마다 유리문을 젖히는 등 구박을 하기도 하였답니다.

그런데 엉겅퀴를 섭취하고 난 후부터 화생방이 사라졌으며 그 자리가 구수한 된장 냄새로 느껴지더군요.

사랑에 눈먼 콩깍지 시절이 아니니 이해되시려나요?

6. 엉겅퀴 우울증이 사라졌어요

박정○

지인이신 60대 여성으로, 한 달에 1세트(60봉) 섭취한 분인데 본인은 거의 30년을 우울증에 시달려왔다고 합니다. 직업 특성상 컨테이너 물류 보관센터를 하는 사람으로 사람의 왕래가 드물고 말을 나눌 대상이 없어서 더 심해졌다고 합니다.

살이 너무 찌고 걸어서 어딜 다니기도 힘든 상황인데 제가 권해드린 엉겅퀴를 드시고 처음에는 어지럽기도 하고 힘들었는데 꾸준하게 한 달 동안 하루 2포씩 섭취하였더니 몸만 가벼워진 것이 아니라 전에는 아침이면 일어날 이유가 안 느껴져 이대로 눈을 뜨지 않았으면 할 정도로 우울증이 심했는데 몸이 가벼워지면서 뭔가 만들어서 남들과 나누어 먹고 싶은 생의 활력이 생겼답니다.

저에게도 본인이 직접 만들었다며 청국장 한 봉을 선물로 주더라고요. 본인이 엉겅퀴 팬이 되었다고 좋아합니다.

7. 자궁근종에 대하여

김진○
대전

안녕하세요. 대전에서 강의 당시 건의 사항이라며 말씀드린 사람입니다.

30여 년 전 나와 같이 근무(KT)하던 32세 직원에 대한 이야기입니다. 산부인과에서 자궁근종으로 인한 출혈로 진단, 수술을 권유받았으나 거부하고(슬하에 딸만 둘) 시어른의 권유로 엉겅퀴를 채취하여 술(밀주)을 담아 계속 장복하자 2~3개월 후에는 출혈이 멈췄고, 6개월 정도 지나니 병원에서 근종이 아주 작게 줄어들었다는 진단을 받았다 합니다.

지금은 아주 건강하게 생활하고 있습니다.

많은 여성이 자궁근종을 가지고 있다는데 수술을 하지 않고 치료되는 방법이 있다면 너무 좋겠다는 생각이 들었습니다.

8. 오한에 시달렸었는데

서경○

부산 동래구 시실로

골수염 수술로 인해 사계절 내내 오한과 다리가 시린 증상, 심한 설사 증상에 시달렸습니다. 특히나 이 증상들은 여름만 되면 더욱 심해져 저를 너무나 고통스럽게 만들었습니다.

이번에 기회가 되어 6+2 행사로 엉겅퀴를 구매해서 먹게 되었는데, 엉겅퀴를 먹은 지 1달쯤 무렵부터 정상적인 변이 나오기 시작하였고 오한 및 다리 시림 증상도 완화되기 시작하였습니다.

제가 정말 효과를 보고 괜찮은 식품이라 아들에게도 알렸더니 계속해서 사드리겠다 하여서 너무나 좋았습니다.

고통에서 저를 구해준 은인 같은 풀입니다.
엉겅퀴야, 오래오래 함께하자!

9. 알 수 없는 통증과 심한 염증 극복되었습니다

백영○

충북 청주

저는 3년 전 의류사업을 하며 열심히 살아가던 중 원인을 알 수 없는 통증으로 지방에 있는 대학병원과 서울의 큰 병원, 여러 병원을 다니며 검사를 받았지만 원인을 알 수가 없었습니다.

그러기를 4개월, 24시간 밤과 낮 통증으로 사경을 헤매며 살 소망이 희미해져만 갔으며 죽을 것만 같던 통증은 말로 표현할 수가 없었고 그러던 중 눈으로 피가 터졌지요.

충북대병원에서 MRI 검사 결과 뇌수술을 하자고 담당의사님 말씀. 그러나 서울의 K 대학병원에서 뇌수술이 아닌 염증 수술을 한 후 얼굴과 대뇌까지 염증으로 손을 쓸 수가 없다며 코로 얼굴 염증만 제거했으며 대뇌는 위험하다며 염증 주사만 맞았고 의사선생님은 병원에서 못 나갈 수도 있다며 최선을 다하셨지요.

그러던 중 저희 언니가 가시 엉겅퀴를 먹여보면 좋겠다며 말씀하기에 엉겅퀴가 염증에 탁월하다는 걸 알고 있었기에 간호사님들 몰래 엉겅퀴를 먹기 시작했는데요. 놀랍게도 당뇨가 300mg/dL 넘게 높았던 게 한 20일 후에는 130~120mg/dL로 떨어졌으며 의사선생님 하시는 말씀이 피가 너무 좋아졌다며 24일 만에 퇴원 후 1~3개월에 한 번씩 MRI를 찍어보았지요. 피검사에서 20대 피라며 잘 관리되고 있다며 칭찬을 하셨습니다.

엉겅퀴는 제 생명을 살린 귀한 식품입니다. 지금까지 하루도 빠지지 않고 먹고 있습니다.

지금은 건강이 회복되어 주위에 엉겅퀴 자랑만 합니다.

엉겅퀴 꽃 효소 항아리

10. 병원약을 차츰 줄이고 있습니다

박○○
전주 82세, 남

전주에 사는 82세 남자입니다. 학창 시절에는 유도로 다져진 몸에 평소 건강에는 자신이 있었습니다.

건설업에 종사하며 잘살고 있는데 72세가 되던 어느 날, 심한 어지러움과 구토증세로 쓰러져 종합병원에 실려 가 22일 만에 퇴원하였는데 뇌졸중이라며 약을 한 주먹씩 먹으라고 처방해주어서 먹고 있는데 그 뒤로는 자꾸 여기저기가 안 좋아 그때마다 병원에 가면 다시 약을 추가추가. 이러다가 약에 취해 죽겠구나, 싶었습니다.

그러나 약을 끊을 수가 없었습니다. 지인이 엉겅퀴즙을 먹어보라고 선물을 해주어 긴가민가하면서 먹어보니 자꾸 좋아지는 것을 느꼈습니다. 어지러움이 덜하고 다리에 쥐가 덜 나며 머리가 맑아져 이젠 엉겅퀴를 만난 건 내겐 행운이구나 싶습니다.

항상 자기에게 맞는 명약은 있구나, 싶고 하루에 두 포씩 꼬박꼬박 먹으며 양약의 수를 줄여가고 있습니다.

이제 무엇을 더 바라리요. 그저 사는 동안 건강만 하다면 좋겠습니다.
엉겅퀴 양반이 제 별명이 되었습니다.

임실 엉겅퀴 농장의 발효 항아리

엉겅퀴로 만들 수 있는 음식

<제**6**장>
엉경퀴로 만들 수 있는 음식

1. 엉경퀴 식혜 [민간요법]

| **재료** | 말린 엉경퀴 300g, 백출 50g, 계피 30g, 생강 20g, 쌀 800g, 엿기름가루 50g, 음용수 10ℓ

| **만들기** |

1. 엉경퀴와 백출, 계피, 생강을 깨끗이 씻어 물 10ℓ에 넣고 약한 불로 3시간을 끓인 뒤 약물을 걸러놓으면 약 8ℓ의 약물이 만들어진다.

2. ①의 약물에 엿기름가루 1kg을 풀어서 잘 주물러 체에 걸러 엿기름 약물을 만든다.

3. ②의 엿기름 약물에 쌀 800g을 고슬고슬하게 쪄서 식힌 밥을 섞는다.

4. ③을 보온밥통에서 6시간 정도 삭히면 밥알이 동동 뜨기 시작한다.

5. 솥으로 옮겨 담고 10분 정도 끓이면 엉경퀴 식혜가 완성된다. 기호에 따라서 설탕을 넣으면 쌉쌀한 맛의 맛있는 식혜가 된다.

※ 엉경퀴 식혜는 예로부터 전통적으로 즐겨 만들어 마시던 약 식혜입니다. 몸이 허약한 분들이나 노인분들에게는 훌륭한 건강 음료가 될 것입니다.

엉경퀴 식혜

2. 엉겅퀴 조청 [민간요법]

| 재료 | 말린 엉겅퀴 300g, 백출 50g, 계피 30g, 생강 20g, 쌀 800g, 엿기름가루 50g, 음용수 10ℓ

| 만들기 |

1. 엉겅퀴 식혜를 만든 뒤, 6시간 정도 보온밥통에서 삭힌다.

2. ①에서 밥알이 20알 정도 떠오를 때 엉겅퀴 식혜물을 베 보자기로 엿밥을 짜낸다.

3. ②의 엉겅퀴 식혜물을 약한 불에서 졸인다.

4. 처음엔 잘 넘치지 않지만 엉겅퀴 식혜물이 절반쯤 줄었을 때부터는 끓어서 넘치기 때문에 주걱으로 저어주면서 불 조절을 해주는 것이 좋다.

5. ④의 엉겅퀴 식혜물이 주걱에서 떨어져 걸쭉한 농도가 되면 깨끗한 용기에 식혀 담아 밀봉해 보관한다.

※ 남녀노소 누구나 좋아할 엉겅퀴 조청은 건강빵의 잼이나 각종 건강 요리에 이용할 수 있다.

엉겅퀴 조청

엉겅퀴 조청을 바른 빵

3. 엉겅퀴 효소 (발효액) [저자 개발]

┃ 재료 ┃ 엉겅퀴 생잎 2kg, 설탕 2kg

┃ 만들기 ┃

1. 엉겅퀴 생잎 2kg에 설탕 2kg을 넣고 엉겅퀴 잎이 으깨질 수 있도록 잘 주물러서 5ℓ 이상을 유리병 또는 페트병에 담아준다.

2. 용기에 넣은 뒤 3일 간격으로 5회 이상 잘 뒤집어 섞어주어 발효가 잘되도록 저어준다.

3. 1년 이상 숙성시킨 뒤 발효액을 잘 걸러내어 깨끗한 용기에 보관한다.

4. 잘 짜낸 엉겅퀴 건더기에 소주를 부어서 숙성시키면 풍미 가득한 엉겅퀴 술이 된다.

※ 잘 발효 숙성된 엉겅퀴 발효액은 엉겅퀴 고유의 기능성분과 풍미가 가득하므로 다양한 요리의 시럽으로 활용하거나 차가운 물에 적당하게 희석해 음용하면 매우 고급스러운 훌륭한 음료가 된다.

싱싱한 엉겅퀴 잎 2kg와 설탕 2kg

엉겅퀴 효소 만들기 체험 준비

엉겅퀴 효소 체험 장면

용기에 담은 엉겅퀴 효소

4. 엉겅퀴 녹즙 [민간요법]

1. 엉겅퀴 잎은 채취해 절단한다.

2. 깨끗하게 씻어서 물기를 제거한다.

3. 돌절구나 분쇄기에서 으깬다.

4. 착즙한다.

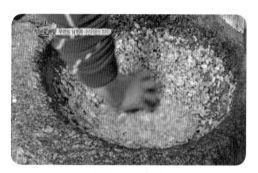

엉겅퀴 재료 손질

짓이긴 엉겅퀴

엉겅퀴 착즙액

엉겅퀴 녹즙

5. 엉겅퀴 고(膏) (농축액) [민간요법]

│만들기│

1. 싱싱한 생엉겅퀴를 잘게 썰고 깨끗하게 씻어서 물기를 제거한다.

2. 착즙기에서 착즙하면 고형분 2.3%의 약 70%의 착즙액이 만들어진다.

3. 약한 불에서 약 60Brix가 되도록 농축한다.

4. 생엉겅퀴 100kg이면 엉겅퀴 약 2.3ℓ의 농축액이 만들어진다.

※ 엉겅퀴 농축액은 발목이 접질러져 삐어 멍이 심하게 들거나 통증이 심할 때 환부에 도포하고

따뜻하게 감싸 주면 좋은 치료효과를 기대할 수 있다. 각종 피부질환에도 긴요하게 활용할 수

있다.

엉겅퀴 고(膏) 농축액

6. 엉겅퀴 술

6-1 야홍화주(엉겅퀴 꽃술)[민간요법]

| 재료 | 엉겅퀴 꽃 300g, 과일주 담기용 소주 1.8ℓ

| 만들기 |

1. 5월 중순경에 채취한 엉겅퀴 꽃을 사용한다.

2. 엉겅퀴 꽃을 깨끗하게 씻어서 물기를 뺀다.

3. 용기에 엉겅퀴 꽃을 넣고 소주를 부어서 침지 시킨다.

4. 약 3개월 이상 실온에 보관하면 되는데 오래 두어도 무방하다.

※ 엉겅퀴 꽃봉우리만 채취해 담근 술을 야홍화주라 한다. 야홍화주는 몸의 액취를 없애주고 향긋한 냄새를 풍기게 한다고 한다. 오랜 옛날부터 궁중의 궁녀들이 야홍화주를 몰래 마셨다고 전해진다.

※ 술을 자주 마시는 사람들에게서 아침에 풍기를 고약한 술 냄새도 야홍화주를 마시면 감소하는 효과를 보기도 한다.

※ 엉겅퀴 꽃에는 아피게닌 성분이 풍부하므로 엉겅퀴 꽃술은 불면증이 있으신 분들이 유용하게 활용할 수 있다.

엉겅퀴 꽃 술

엉겅퀴 꽃

6-2 엉경퀴 뿌리 담근 술 [민간요법]

| 만들기 |

1. 채취한 엉경퀴를 깨끗하게 세척해야 흙냄새를 제거할 수 있다.

2. 가능하면 잘게 썰거나 짓이긴 뒤 소주를 부어 상온에 보관하면 된다.

3. 엉경퀴 뿌리는 10월 중에 채취한 것이 제일 좋다.

※ 엉경퀴는 어혈을 풀어주는 효능이 탁월하기 때문에 허리에 담이 들거나 극심한 근육어혈에서 오는 허리 통증이 유발될 때 민간요법으로 긴요하게 활용하여 왔던 술이다.

엉경퀴 뿌리 술

엉경퀴 뿌리

6-3 엉겅퀴 동동주 [민간요법]

| 재료 | 말린 엉겅퀴 뿌리 500g, 말린 엉겅퀴 잎 1kg

| 만들기 |

1. 말린 엉겅퀴 잎 1kg, 말린 엉겅퀴 뿌리 500g을 물 17ℓ에 넣고 3시간 이상 추출하면 13ℓ
   의 추출액이 나온다.
2. 5kg의 찹쌀 고두밥에 누룩 1kg을 넣고 잘 치대며 혼합한다.
3. 누룩이 혼합된 고두밥에 13ℓ의 엉겅퀴 추출액을 부어서 잘 혼합한다.
4. 옹기 항아리에 담아서 면포를 덮어 고무줄로 봉해 놓는다.
5. 20℃ 이하의 저온에서 발효시킨다. 엉겅퀴 성분의 특성상 높은 온도에서 발효시키면 신맛이
   난다.
6. 낮은 온도에서 발효되기 때문에 완성까지 10일 이상 소요될 수도 있다.

※ 엉겅퀴 약술은 전통적으로 허리 아픈 사람들이나 신경통 있는 사람들이 주로 가을에 술을 빚어
서 겨울까지 음용하며 애용했던 약술이다.

엉겅퀴 술 발효 항아리

엉겅퀴 막걸리

6-4 즉석 엉겅퀴 동동주 [저자개발]

| 재료 | 시판용 동동주 1병. 엉겅퀴즙 100㎖

| 만들기 |

시중에서 판매하는 동동주 1병에 엉겅퀴즙 100㎖를 희석하면 즉석 엉겅퀴 약술이 된다.

※ 즉석 엉겅퀴 동동주를 마시면 막걸리 특유의 냄새나 숙취가 개선되는 효과가 있다.

엉겅퀴 즙과 막걸리

7. 엉겅퀴 꽃 식초 [저자 개발]

| 만들기 |

엉겅퀴꽃 준비 ⇒ 당절임 ⇒ 생수희석22brix 당도조절 ⇒ 효모균 혼합

⇒ 와인 완성⇒ 30일경과 ⇒ 종초혼합 ⇒ 매일 저어줌 ⇒ 1년 경과

⇒ 엉겅퀴 꽃 건더기제거 ⇒ 3년 숙성 ⇒ 용기 포장

엉겅퀴 꽃 당침

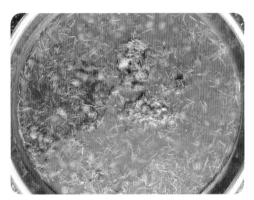
엉겅퀴 꽃 와인 발효

엉겅퀴 꽃 자연식초 발효

엉겅퀴 와인 식초 발효

8. 엉겅퀴 가루 [저자 개발]

동결건조한 엉겅퀴 가루

열풍 건조한 엉겅퀴 가루

8-1. 엉겅퀴 가루로 만들 수 있는 음식 – 엉겅퀴 크리스피 [저자 개발]

엉겅퀴 크리스피

8-2. 엉겅퀴 가루로 만들 수 있는 음식 – 엉겅퀴 파운드케이크 [저자 개발]

| 재료 | 무염버터 400g, 박력분 385g, 엉겅퀴 가루 15g, 설탕 400g, 달걀 400g, 베이킹파우더 8g, 소금 4g, 우유 80g

| 만들기 |

1. 냉장고에서 미리 꺼내 놓은 말랑말랑해진 버터에 설탕을 3~4번 나눠서 섞는다.

2. 설탕과 잘 섞인 버터에 소금을 여러 번 나눠 넣으며 섞는다.

3. 잘 섞인 버터, 설탕, 달걀에 박력분과 엉겅퀴 가루 15g을 함께 체로 쳐서 넣는다. 이때 너무 많이 섞지 않고 50~60% 정도만 섞는다.

4. 반절 정도 섞인 박력분과 버터에 우유를 넣어서 잘 섞는다.

5. 잘 섞인 반죽을 틀에 넣고, 균열이 잘 생기도록 반죽 가운데에 오일을 길게 짜서 넣는다.

6. 200℃로 예열한 오븐에 넣고 170℃에서 약 45분간 굽는다.

엉겅퀴 파운드 케이크

8-3. 엉겅퀴 가루로 만들 수 있는 음식 – 엉겅퀴 초코칩쿠키 [저자 개발]

| **재료** | 박력분 160g, 설탕 25g, 버터 100g, 달걀 1개, 소금 1g, 베이킹파우더 2g, 엉겅퀴 가
루 1.5g, 글루코라이트 50g, 초코칩 70g, 정크초코칩 15g

| **만들기** |

1. 상온에 말랑말랑해진 버터를 풀어준다.

2. 풀어진 버터에 설탕을 넣고 사각사각한 느낌이 사라질 때까지 섞는다.

3. 설탕이 풀어진 버터에 글루코라이트를 섞는다.

4. 잘 풀어진 버터에 달걀과 소금을 섞어 2차례에 걸쳐서 나눠서 섞는다.

5. 잘 풀린 버터에 박력분, 엉겅퀴 가루, 베이킹파우더를 체에 쳐서 넣는다.

6. 골고루 섞어주는데 이때 글루텐이 형성되지 않도록 주걱을 세워서 섞는다.

7. 어느 정도 섞인 반죽에 초코칩을 넣어 가루가 보이지 않도록 섞는다.

8. 잘 섞인 반죽은 적당한 크기로 팬에 올린다.

9. 팬에 올린 반죽 위에 정크초코칩을 올린다.

10. 180℃ 예열한 오븐에 165℃로 10분 가량 굽는다.

엉겅퀴 초코칩 쿠키

엉겅퀴 초코칩 쿠키의 색상

8-4. 엉겅퀴 가루로 만들 수 있는 음식 – 엉겅퀴 & 아보카도바나나 스무디 [저자 개발]

| 재료 | 아보카도 반 개, 바나나 1~2개, 꿀 1~2tsp(티스푼), 엉겅퀴 가루 1tsp

| 만들기 |

1. 아보카도와 바나나를 믹서기에 갈기 쉽도록 작게 썰어 준비한다.

2. 믹서기에 바나나 1개 반, 아보카도 반 개, 얼음 6~7개, 꿀 1~2tsp, 엉겅퀴 가루 1tsp을 넣는다.

3. 얼음이 완전히 갈릴 때까지 갈아준다.

엉겅퀴 & 아보카도바나나 스무디

8-5. 엉겅퀴 가루로 만들 수 있는 음식 – 엉겅퀴 밥

| 재료 | 쌀 종이컵 2컵 분량, 엉겅퀴 가루 1/2~1 숟가락

| 만들기 |

1. 종이컵 2컵 분량의 쌀을 씻는다.

2. 씻어둔 쌀에 엉겅퀴 가루를 1/2~1 숟가락 혹은 원하는 만큼 넣고 섞는다.

3. 밥솥에 엉겅퀴 가루를 섞은 쌀을 넣고 종이컵 2컵 분량의 물을 넣은 뒤 취사를 누른다.

4. 취사가 완료된 밥을 골고루 잘 섞는다.

엉겅퀴 밥

8-6. 엉겅퀴 가루를 넣은 야채전 [저자 개발]

┃재료┃ 부침가루, 튀김가루, 양파, 파, 부추, 호박, 달걀, 말린 새우 가루, 청양고추, 엉겅퀴 가루

┃만들기┃

1. 양파, 파, 호박, 고추 등의 야채를 채 썰어 준비한다.

2. 썰어놓은 야채를 믹스 볼에 넣고 달걀 하나를 넣는다.

3. 부침가루와 튀김가루를 2대1 비율로 섞어서 넣는다.

4. 엉겅퀴 가루는 부침개 양에 따라서 적당량을 넣어주고 말린 새우 가루도 있으면 추가해서 넣는다.

5. 물을 넣고 반죽의 농도를 보면서 섞어준다.

6. 충분히 달군 프라이팬에 기름을 넉넉히 넣고 가능한 한 얇게 부친다.

야채전

9. 엉겅퀴 잎 튀김 [필자 개발]

| 만들기 |

1. 엉겅퀴 어린 잎을 깨끗하게 씻는다.

2. 씻은 엉겅퀴 어린 잎에 튀김가루 반죽을 묻혀서 기름에 튀겨낸다.

엉겅퀴 어린 잎 튀김

10. 엉겅퀴 부각 [필자 개발]

| 재료 | 6월에 수확한 생엉겅퀴 어린잎 1kg, 찹쌀가루 500g, 다진 마늘 5큰술, 소금 1큰술, 저민 풋고추 5개, 참깨 약간, 음용수 적당량

| 만들기 |

1. 어린 엉겅퀴 잎은 끓는 물에 소금을 넣어 살짝 데친 후 반건조 상태로 말린다.

2. 냄비에 찹쌀가루, 물, 소금을 넣어 찹쌀풀을 만들고 식힌 후 다진 마늘을 섞는다.

3. 반건조 된 엉겅퀴 잎에 찹쌀풀을 잘 바르고 양념을 묻힌 뒤 햇볕에 바싹 말린다.

4. 엉겅퀴 잎이 바싹 잘 마르면 밀봉 보관해 두었다가 먹을 때마다 식용유에 튀긴다.

※ 엉겅퀴 부각은 참가죽나무 잎 부각 맛이 나는 명품 부각이다.

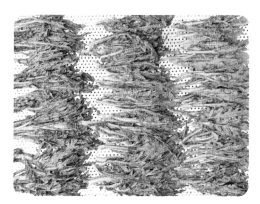
엉겅퀴 어린 잎

양념을 묻혀 말리는 과정

11. 엉겅퀴잎 볶음 자반 [필자 개발]

| 재료 | 엉겅퀴 마른잎 300g, 들기름, 소금

| 만들기 |

1. 바짝 말린 엉겅퀴 잎을 살살 비벼서 엉겅퀴 잎의 가시와 미세한 솜털을 날려 버린다.

2. 약간 두터운 볶음솥에 정선된 엉겅퀴 잎을 넣고 들기름을 두른 뒤 적당량의 소금을 넣고 약한 불에서 윤기가 나고 고소한 맛이 날 때까지 볶아준다.

3. 엉겅퀴잎 볶음 자반은 보리밥 비빔밥이나 주먹밥을 만들면 매우 특별한 음식이 된다.

엉겅퀴잎 볶음 자반

12, 엉겅퀴 데친 나물 [민간요법]

| 재료 | 엉겅퀴 어린잎 적당량

| 만들기 |

1. 연화 재배한 엉겅퀴 어린잎을 소금물에 데쳐서 차가운 물에 헹군다.

2. 물기를 쪽 뺀 엉겅퀴 잎을 적당히 힘을 주어 비벼 엉겅퀴 가시와 솜털을 제거한다.

3. 찬물에 엉겅퀴 잎을 잘 흔들어서 씻은 뒤 물기를 꼭 짠 상태로 조금씩 뭉쳐서 냉동 보관한다.

※ 된장찌개나 생선 매운탕에 약간씩 넣어서 조리하면 비린내를 제감 하며 풍미 가득한 특별한 엉겅퀴 음식이 된다.

※ 전통적으로 해안가 지역에서 요리에 사용해 왔던 재료이다.

엉겅퀴 된장국(순천 금수목 식당)

임실 엉겅퀴 농장 전경

제 7 장

임실엉겅퀴 문학마당

엉경퀴 수필

1. 바람 부는 날의 겨릅대, 나의 엉경퀴 뿌리

김남곤 시인

바람이 몹시 거셌다. 바람의 통로에 놓인 등불이 속절없이 가물거렸다. 암울한 행로는 그렇게 끝 간 데 없이 막막했다. 나는 열일곱, 열여덟 살 때 저승문턱까지 두 번이나 떠밀렸다가 퇴박을 맞고 돌아왔다. 어떤 야릇한 형상을 하고 있는 알 수 없는 검은 그림자 하나가 내 곁을 떠나지 않고 지악스럽게 따라붙었다. 갈래 안 갈래. 그 저승의 문턱은 높았다. 그래서 코방아만 찧고 돌아와 낮이나 밤이나 악몽에 시달린 채 유쾌하지도 않은 잠속으로 세싱모르게 빠져들곤 하였다.

저승에서 겨릅대 같은 내 몰골의 용도에 대해 감식을 기가 막히게 잘했기에 망정이지 내 어찌 이다지도 질긴 낯으로 이승에 오래 머물 수 있겠는가. 일찍이 비운의 객이 되었을 지도 모른다. 아무짝에도 쓸모가 없겠다는 판정 결과가 장강 같은 내 목숨의 끈이 되어 지금껏 살아서 서산마루의 노을 녘까지 서성이며 이승의 밥을 잘도 축내고 있는 것이다. 참으로 겸연쩍은 일이다.

한여름이면 일 년에 꼭 두 달씩을 심한 두통에 시달렸다. 도끼로 마른 장작을 패댄다면 그리 아팠을까. 온방을 헤매며, 발버둥 치며, 소리치며 울었다. 귀신인가 무엇인가에 걸렸다고 집안이 온통 난리법석이었다. 마당 한가운데 큰 대(大) 자로 누운 나를 부엌칼 끝으로 본을 뜬 다음 가슴 한 가운데에 번뜩이는 식칼을 내리꽂았다.

그 순간 땅이 비명을 질렀다. 땅이 마른 피를 마구 쏟아냈다. 아버지가 식식거리며 두 눈을 부릅떴다. 불화살처럼 무서웠다. 비척거리는 나는 어머니에게 이끌려 뒷동산 무덤 앞에서 하나 둘을 세는 구령에 맞춰 허수아비처럼 재주를 넘었다. 하늘이 아스라이 굽어보고 있었다. 앞 메에 사는 여우가 마구 킥킥거렸다. 사방천지가 깔깔거리는 환청 속에 고개를 꺾고 건드렁 건드렁 집으로 돌아온 나는 또다시 깊은 잠 속으로 빠져들었다.

어느 날 어둑새벽이었다. 나는 탈진상태로 늪 속 깊이 잦아들고 있었다. 머릿골을 때리는 만가 같은 소리가 들렸다. 나의 죽음을 공포하는 어머니의 단말마였다. "우리 낭군(어머니는 나를 평소에 낭군이라고 발음했다)이 죽었어! 우리 낭군이 죽었어! 우리 낭군이 죽었어!" 나도 덩달아 기력을 다해서 '나 죽었어, 나 죽었어, 나 죽었어!'라고 내가 나에게 나의 죽음을 확인이라도 시키듯 어머니의 울부짖음 따라 모기만한 소리로 화답했다.

아! 내가 죽었구나. 내가 죽었구나. 나는 떼어지지 않는 마른 입술을 달싹거렸다. 어디론가 허공을 짚고 날아오르는 느낌이었다. 이웃집에서도 "이게 무슨 소리냐?"며 뛰쳐나왔다. 집 안팎이 한 순간 격랑에 휩쓸렸다. 미동이 없는 나를 할머니와 아버지가 달려들어 흔들어댔다. 희미한 등잔불이 건들거렸다. 나는 목 넘어가는 소리로 그랬다. "나 아직 안 죽은 것 같아요."라고. 마치 죽어있어야 했다는 듯이.

　한바탕 천둥이 지나간 뒤, 뒤란 장독대 앞에선 어머니가 촛불을 밝히고 소지를 하늘 높이 올리고 있었다. 노랑 불꽃이 춤을 추었다. 아무도 모르게 비밀리에 진행된 어머니의 비손이었다. 어머니와 무속인과의 작전은 빈틈없이 이뤄졌다. 얼마 후 나는 허수아비처럼 헐렁하긴 했지만 다시 태어난 사람의 형상을 갖춰가기 시작했다. 아버지가 사다 준 강아지를 끌고 황방산을 오르거나 아버지의 자전거를 타고 신작로를 달리기도 했다.

　하루는 시오리가 넘는 면소재지 약포에 가서 주사를 맞고 돌아오면서 잠이 미치게 쏟아지는 바람에 자갈길에서 몇 바퀴나 나뒹굴기도 했다. 집에 와선 오후 내내 잠속에 묻혀 악몽을 꾸었다. 푸른 만경강변을 뒤져 찾아온 검은 소의 배설물을 끓여서 나의 머리를 감긴 후 할머니와 어머니는 또 하나의 비방을 찾아 온통 산야를 누볐다. 엉겅퀴뿌리며 할미꽃뿌리 진달래뿌리 그리고 또 무슨무슨 뿌리 삶은 물을 한 동이씩 마련해 놓고 무시로 떠 마시라고 했다. 나는 하루에도 몇 번씩 부엌을 드나들며 특히 그 엉겅퀴 삶은 물을 잘도 퍼 마셨다.

　무슨 맛이 나를 그렇게도 사로잡았을까. 잘 익은 불 냄새가 나는 것도 같았다. 흙을 뒤져 우려낸 내 생명의 그 밧줄에선 땅속 깊이 시뻘건 마그마가 밀어올린 불 냄새가 났다. 그 맛은 어느 때는 달다가 쓰다가 시다가 종잡을 수 없었다. 그래도 할머니와 어머니가 끓여놓은 물동이의 무게가 덜어질 때까지 한 번도 거부하는 내색 없이 하늘의 말씀인 양 잘 따르고 지켰다. 허깨비 같은 몸으로 동네 한 바퀴를 돌고 와서도 그 물을 떠 마시고, 할머니가 나를 쳐다보기만 해도 달려가 마시고나서 입술을 훔쳤고, 어머니가 어디선가 나타나기만하면 보란 듯이 부엌으로 들어갔다 나왔다. 나는 그렇게 길이 잘 잡힌 순한 양이 되어 잔설처럼 붙어 있는 병색을 털어내기 시작했다.

그럴 수밖에 없었던 것은 달리 약이 없었던 게 아니라 달리 약을 구할 수가 없었던 탓이다. 호사를 누리며 목숨 하나 건질 수 있는 형편이 못되었다. 할머니와 어머니의 정성이 주효했음인지 그것은 아무도 모를 일이지만 어쨌거나 그로부터 희멀겋던 나의 동공이 심산의 사슴처럼 맑아지기 시작했다.

　　나의 십대 문학 소년기의 후반부는 그렇게 진짜 지랄 같은 형상으로 굴러갔다. 겨릅대는 삼을 삶아서 껍질을 벗겨낸 뼈다귀줄기다. 겨릅대로 때리면 생사람도 마른다는 속설이 있다. 나는 무엇에게 겨릅대로 얻어맞아 빼빼 마른 몰골로 한 세상을 울고 지냈을까. 병인은 열병이냐 접신이냐 미숙아의 고뇌냐를 놓고 구구한 억측들이 무성했지만 그것은 구명이 안 된 채 끝내 미확인의 장이 되고 말았다. 사느냐 죽느냐가 벌인 양극의 각축, 내 푸른 날의 시그널은 그렇게 점멸등처럼 깜박거렸다.

2. 엄마와 엉겅퀴와 배불뚝기

내가 30대 중반 때였다. 어느 해 설날 눈이 많이 내리고 매우 추운 날이었다. 설이라 어린 딸을 업고 아내와 시골 부모님이 계신 고 향을 찾았다. 다른 해 같았으면 명절 준비에 바쁘실 어머님이 아무 것도 못하고 계셨다. 무릎 관절이 퉁퉁 붓고 아파서 꼼짝을 할 수 없어서 아무것도 못하고 계시다는 거였다. 그래서 아내와 내가 서둘러 명절 맞을 준비를 했다.

나는 어머님의 무릎관절을 들여다보았다. 부어서 제대로 움직이지를 못하셨다. 오십 대 중반이신데 벌써 관절이 붓고 아프시다니 걱정이 아닐 수 없었다. 내가 무릎을 쓰다듬어 드리며 말했다. 나는 지금까지도 어머니라는 말을 못하고 엄마라고 한다. '엄마'하고 부르면 다정한 느낌이 드는데 '어머니'하면 거리감이 느껴져서다.

"엄마, 무슨 약을 먹어야 좋을까?"

어머니가 말씀하셨다.

"엉겅퀴 뿌리를 삶아 먹으면 좋다는데 이 겨울에 어디서 그걸 구해…."

나는 갑자기 옛날 효자가 겨울에 잉어를 잡아다 부모님을 모셨다는 이야기가 생각났다.

"내가 나가서 캐 올게, 엄마."

"이 추운 눈 속에서 어떻게 그걸 캔다는 거야?"

"산이나 논두렁에 가 보면 꽃대와 말라붙은 꽃이 보일 거야."

그리고 당장에 곡괭이와 양동이를 들고 가까운 논둑길로 나가 엉겅퀴를 찾았다. 응달에는 눈이 덮여서 갈 수도 없었고 양달에는 잔디 같은 잡초가 노랗게 보였다. 양지쪽에만 찾아다니며 꽃대를 찾았다. 한겨울이라 있을 것 같지 않았는데 한 곳에 새파랗게 살아 있는 풀잎이 보였다. 그 파란 풀을 자세히 보았다. 노란 잡초 속에 숨어서 파랗게 작은 팔을 벌리고 있는 것이 바로 엉겅퀴였다. 너무 반가워서 이런 저런 생각 없이 땅을 팠다.

돌처럼 꽁꽁 언 땅이 쉽게 파이지 않았다. 그래도 한참 동안 곡괭이로 치고 긁으니 언 땅이 뚫어지고 속살이 드러났다. 조심스레 곡괭이로 뿌리 언저리를 가려 파고 손으로 긁어 뿌리 하나를 캐냈다.

어부가 바다에서 큰 물고기를 잡았을 때 이렇게 기뻤으리라.

나는 여기 저기 양지를 찾아 논두렁 산기슭을 다니며 파란 색깔만 찾았다. 한 겨울에도 파란 얼굴을 내미는 풀은 엉겅퀴밖에 없었다. 겨울에도 잎이 피는 엉겅퀴라는 식물이 대단한 풀이라는 생각도 들었다. 추위에 떨면서 해가 서산에 내릴 때까지 3시간쯤 걸려 12뿌리를 캤다. 나는 개선장군이라도 된 기분으로 가지고 와 어머니 앞에 내놓았다.

"이게 엉겅퀴야 엄마."

"이 추운 겨울날 어디서 그렇게 많이 캤어?"

"나는 한다면 하는 사람이야. 금방 다려드릴 테니 잡수고 빨리 일어나."

나는 얼음같이 찬 물에다 뿌리를 헹구어 냄비 솥에 끓여 한 사발을 떠다드렸다. 어머니는 한 사발을 단숨에 다 드시고 고마워하는 얼굴로 나를 보고 말씀하셨다.

"고맙다. 그렇게 비쩍 말라가지고 추운데서 어떻게 이렇게 많이 캤어. 너나 동생들이나 모두 비쩍 말라서 내가 잘못 먹여 그렇지 싶어 마음이 아프다. 남들은 배가 불룩 나오고 얼굴도 좋은데 너나 동생들은 모두 대꼬챙이 같아 부끄럽다. 너 보고 사장이라고 하는 사람도 있던데 그렇게 말라가지고 무슨 사장이냐. 배가 불룩해야 사장 같지."

"내 배가 불쑥 나오면 좋겠어, 엄마?"

"지금보다야 좋지."

당시(1970년)는 사장이라고 하면 배불뚝이를 연상할 정도였다. 다들 못 먹고 못 살다 보니 사장 족은 그래도 배가 불룩했던 시대였다.

"엄마, 소원이 배불뚝이라면 내가 소원을 풀어 드릴게."

그러면서 황소 앞에서 개구리가 배를 불룩 내밀어 보이듯 납작한 배를 쑥 내밀어 보여드렸다. 그리고 배불뚝이가 되어 어머니를 기쁘게 해 드리리라 결심했다.

나는 어느 책에서 본 대로 했다. 밥은 젓가락으로 께적거리고 먹지 말고 숟가락으로 퍽퍽 퍼먹어야 살이 찐다는 것이었다. 그렇게 십년쯤 하다 보니 80년대에는 체중이 80킬로가 되었고 지금도 그 체중으로 배불뚝이가 되어 놀림감이 되기도 한다.

지금의 내 모습을 아는 사람은 믿을 사람이 없겠지만 나는 호리호리하고 머리숱은 모자를 쓴 것처럼 많았고 목소리도 남보다 맑고 시원스러웠다.

그런데 지금의 나는 어떤가. 체중만 그대로이고 머리숱은 대머리로 변했고 허리는 어머니가 생각하시는 배불뚝이 사장이다. 목소리는 성대 수술을 받고 난 뒤에 탁하고 시원스럽지가 않다. 밥도 숟가락이 아닌 젓가락으로 먹으며 뱃살아 이제 들어가라 어머니도 안 보신다 하고 웃는다.

어느덧 시대는 많이 바뀌었다. 배불뚝이는 곰 같고 미련해 보이고 뒤뚱거리는 것이 무슨 일이고 제대로 할 것 같지 않은 둔한 인물로 선망의 대상이 아닌 외면의 대상이 되고 말았다. 그래도 나는 뚱뚱하다는 소리를 좋게 듣는다. 우리 어머니가 바라보시며 좋아하던 배불뚝이니 말이다.

어느 날 텔레비전에서 엉겅퀴가 관절염에 좋고 암을 치료하고 간을 소생시키며 어혈을 풀어준다는 방송을 보았다. 내가 해드린 엉겅퀴를 드시고 70까지 건강하시더니 그것이 명약이었다는 것을 알았다.

그때 엉겅퀴 같은 약용 건강식품이 있었다면 무릎 관절로 고생하시던 어머니

가 얼마나 좋으셨을까. 지금도 살아 계신다면

"엄마, 이 약이 명약이야."

하고 엉겅퀴 즙을 날마다 마음껏 드시게 해 드릴 것인데, 어머니는 나한테 엄마 소리만 들으시다 가셨다.

임실 엉겅퀴 녹즙

엉겅퀴 피었다 [문정섭]

울 아부지 걷던 길에
엉겅퀴 피었다

산간돌밭
닷마지기면
조부자댁
문전옥답 스므마지가가
부럽겠냐던

그 한 뿌리
걸작하게 다려내면
돌 바작에 굽은 허리도 너끈 하리라던

울 아부지 무덤가는 길에
엉겅퀴 하나 피었다

이제야
가시달고 피었다

꽃잎
살짝
딛고가면
[한상순]

콕,
찔러줄테다.
아무리 가시로 위협해도
호랑나빈 본 척도 안해요.

꽉,
붙잡아 둘테다.
아무리 끈끈이로 위협해도
꿀벌은 눈도 깜짝 안해요.

엉겅퀴
꽃잎 살짝
딛고가면 되거든요.

엉겅퀴에
고백하다
[김영숙]

처음 만났을 때 너는
날카로운 가시를 곤두세우며
까칠하게 굴었었지

그런 너의 주변을 맴돌며
이름도 촌스럽다고 놀리다가 넘어져
무릎이 까졌었는데
어머니는 너를 이겨서
내 상처에 보듬어주셨지

거짓말처럼 피가 멈추더라
그때 알았어
마음과 마음을 엉기게하는
그 마음이 엉경퀴라는 걸
네게 가장 어울리는
이름이라는 것을

겉으로는 무심한 듯 까칠해도
아낌없이 한 몸 내줘서
남의 상처를 보듬는
참 포근한 이름을 가졌다는 것을

5월,
평화로운
임실의 들녘에선 [오수연]

오월의 시간마다에
오수개,
너를 그리는 애뜻함이 함께 흐르고

오월의 그 찬란한 햇살 온몸으로 받으며
진한 보라빛 꽃불로 활활 타올라
나에게로 스며든다

그 푸른 하늘 아래 들녘에선
초록의 꽃 망울이
툭툭 성냥불 지피듯
어느새 지천에
보라빛 꽃불로 번져간다

고맙다
차암 고맙다

연보라빛 열두 치마폭 너르게 펼치고 앉아
고웁게 님 마중하며
줄기며 뿌리까지 약으로 익어가니

그 풀꽃의
자화상 [심재석]

고독한 마음 감추려
근엄한 척 하여도
한갓 풀꽃인걸 어찌하랴.

날선 잎사귀로
하늘을 치켜 올려보아도
한갓 보랏빛 풀꽃인걸 어찌하랴.

마음 감출 길 없어
날카로운 몸짓으로 서 있어도
한갓 벌 나비 품은 풀꽃인걸 어찌하랴.

퍼런 가슴 그 풀꽃
근엄한척 고독한척 무서운척 하여도
가득한 그리움 표현인걸 어찌하랴

그 길목에 서있는 엉겅퀴
그 풀꽃이 자화상인 것을 어찌하랴.

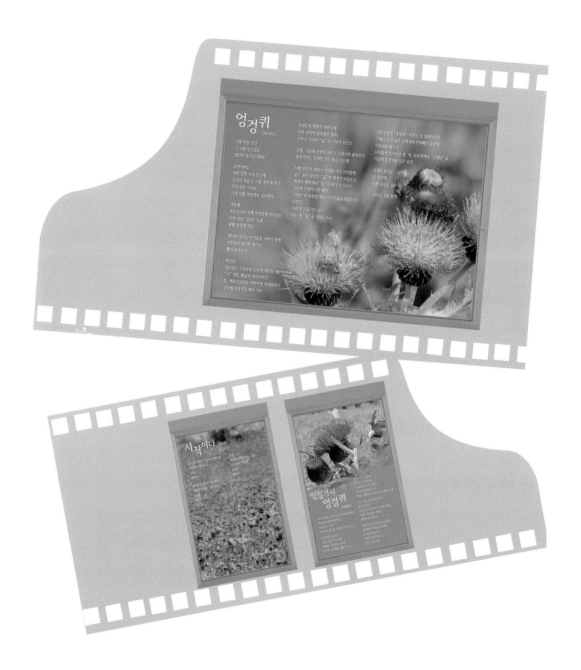

〈제 **8** 장〉

언론에 소개된
임실 엉겅퀴 자료 갤러리

'멸종 위기' 엉겅퀴, 국내 최초 재배 성공

"연구개발에 심혈
효능 널리 알릴 것"

멸종위기 토종식물, 미래 성장 동력으로 탈바꿈

▶ 현지 진행상황

▶ 주요 효능

지난 23일 '임실엉겅퀴 산업발전을 위한 토론회'가 임실생약영농조합회의실에서 열려 참석자들이 기념촬영을 하고 있다.

"임실 엉겅퀴 사업적 가치 매우 커"

농진청·군·농가 토론회 개최
특화품목 연계 발전방안 모색

임실군엉겅퀴작목반이 오수면에 조성한 엉겅퀴 공원에서 방문객들이 꽃을 감상하고 있다.

엉겅퀴 테마공원 구경 오세요

임실군 작목반, 국내 최초 인공재배 성공
다양한 특산물 생산…체험 행사 마련 인기

"멸종위기 엉겅퀴꽃 보러 왔어요"

국내최초 임실 엉겅퀴테마공원 개장 연일 인파

6월10일까지 무료개방… 효소담기 체험 등 인기

임실군 테마공원에 멸종위기 보라색 엉겅퀴꽃을 보기 위해 연일 많은 인파가 몰리고 있다. 임실군 제공

'한낮 잡초에서 희망의 꽃으로 활짝'

멸종 위기 엉겅퀴 노지재배 성공…숨겨진 효능 파헤친다

재배·가공부터 체험·판매까지…엉겅퀴로 6차산업 선도

보라빛 엉겅퀴꽃, 임실을 물들이다

토종 엉겅퀴 대량 재배하는 심재석 씨 특작

엉겅퀴 재배법과 효능 연구해 산업화 선도

채취 시기·부위별 기능성분 달라

재배·가공부터 제법 판매까지 엉겅퀴 산업화 일궈

적정 시기에 종자 수확 파종해 발아율 높여

마당

지역 탐방 임실생약영농조합

엉겅퀴 재배 가공…지역농가 소득증대 기대

14 문화 & 인터뷰

인터뷰 - 임실생약영농조합법인 심재석 대표

"한국 엉겅퀴 세계화와 글로벌 의약소재화가 꿈"

부모 섬등에 대입한 투무지 6천평…
국내 10위권 약초재배로 이룬
건강식품 성공 바탕으로 세계화 추진

한국토종 임실엉겅퀴, 간질환 탁월한 효과

유럽엉겅퀴 밀크 식물보다
비알콜성지방간 개선효과우수

임실 엉겅퀴 미래 농업 비전 각광

농진청 인삼특작부 연구소, 지역특화작목 육성 집중

〈건강한 삶을 위한 정보 ⑤〉

소중한 풀꽃 영험한 임실엉겅퀴 이야기

엉겅퀴의 한국 토종임경퀴 국내최초 재배 성공

임실엉겅퀴의 전통적 가치를 과학적으로 규명해 효과 효능이 우수한 제품개발

"간질환에는 밀크시슬 보다 엉겅퀴가 딱이죠"

임실생약 건강기능 식품 개발
지역농가 소득 향상 등 기대

임실 엉겅퀴 비알콜성 지방간 개선효과 우수

칼륨·칼슘등 영양성분 풍부
간세포내 중성지방축적 억제

기획 16

지역 특화품목으로 농가소득 이끈다

약용작물 재배의 달인
야생 약초 가시엉겅퀴
첫 대량재배의 길 열다

심재석 임실생약 대표

[2019년 06월 15일 A22면] 약용작물 재배의 달인, 야생 약초 가시엉겅퀴 첫 대량재배의 길 열다

약초로 알려진 가시엉겅퀴
6년 실뿌 끝에 재배방법 습득
이주대와 효능 임상시험 진행
작년 매출 12억 ~ "100억 목표"

일시: 2015년 2월 11일   장소: 임실생약

증 30,000,000원

임실생약영농조합·35사단 원불교 업무 협약

임실생약영농조합은 원불교 군종교구 35사단 원불교교당과 전략적 업무제휴를 협약을 체결했다.

임실생약과 원불교 군종교구는 최근 군인들의 자살과 사건 사고들이 빈번하게 일어나는 시점에서 원불교의 상생이념으로 마음공부와 좌선 등을 통한 집중력과 정신력 극대화를 이룰수 있는 원불교 교화가 군인들의 마음을 다스리고 건전한 병영생활에 큰 도움이 될 것이라는 취지에서 군종교구 발전을 위한 업무제휴 협약을 체결했다.

11일 추진된 협약식에는 원불교 군종교구장(양제우)과 35사단 원불교 교당교무(허종덕) 전국 원불교 중앙청운회장 (응산 김진응)등 20여 명의 원불교 인사들이 참석했을 뿐 아니라 임실생약 심재석 대표는 군교화 발전기금으로 3천만원을 쾌척했다.

임실=박영기 기자

육군제35사단 원불교 교당 & 임실생약
전략적 업무제휴 협약식
일시: 2015년 2월 9일   장소: 임실생약

군교화 발전기금
증 30,000,000원
(삼천만원)

엉경퀴 산업의
지평을 열다

임실생약영농조합법인

심재석

📍 전북 임실군 오수면 오수로
📞 063-642-6588
🌐 koreanthistle.com

산야나 들에서 자라 여름이면 보라빛의 꽃을 피우는 엉경퀴, 예로부터 엉경퀴는 어혈을 푸는 약재로 한방에서 자주 사용된다. 또 관절염과 간에도 좋다고 알려져 있다. 하지만 엉경퀴는 요즘 자연에서 그 모습을 찾아보기 힘들다. 임실생약 심재석 명인은 국내에서 처음으로 엉경퀴를 재배하기 시작했다.

80년대 초반에는 임실군에서 재배가 많이 되지 않던 작약의 재배 면적을 많이 확보해 농림축산식품부장관 작약 수산단지로 만들었다.

※ 선정 년도 및 분야
2016년 치료·축작약

※ 주요 작목 & 품목
엉경퀴, 엉경퀴 추출액
원료·티액·크림 등
가공식품 및 가공품

※ 지역파급효과
엉경퀴 재배법 정립 및 전파, 엉경퀴 원료 표준화, 엉경퀴 대마공원(약 3,000㎡) 조성

※ R&D 기술집약
다양한 연구기관과 협업으로 엉경퀴 효능 연구 및 엉경퀴 산업 개척, 약용작물(엉경퀴, 작약, 작약 조성)에 기여

부가가치가 있는 농업에 대한 고민

전주농업고등학교를 졸업한 심재석 명인, 그가 어렸을 때만 해도 농업인의 수가 나라 전체의 70% 정도. 뒤지만 농업의 백색혁명이나 통일벼가 나오기 전이라 농사를 지으면서 먹고살기에도 팍팍한 시기였다. 하지만 그는 졸업 이후 줄곧 농업인의 길을 걷고 있다. 실패는 성공의 어머니라는 말을 몸소 느끼면서 말이다. 그는 명경퀴를 만나기까지 수많은 시도를 했다. 남새농사와 누에, 도라지, 감자 등 다양한 농사를 지었는데 부가가치를 만들기는 쉽지 않았다.

"실패를 할 수밖에 없는 상황이었죠. 농사라는 게 토지·자본·기술 3박자가 맞아야 하는데 저는 기술과 자본도 없고 토지는 황무지 하나가 전부였죠. 0.5박자 정도 있었던 거예요."

이런 과정을 겪으며 그는 '부가가치가 있는 농업'에 대한 고민을 시작한다. 당시 명인이 살던 지역에는 약초를 재배하는 농사가 한 곳도 없었다. 4-H 활동을 하면서 선배 농업인들의 행보를 보고 배우던 그는 다른 시군에서 약초농사를 짓는 선배들을 찾아가 재배기술을 배웠다.

"뚜렷한 성공을 거두자는 못했지만 경험을 많이 축적할 수 있었습니다. 그렇게 경험을 축적하다 보니 하나하나 방향이 나오더라고요. 당시 임실군에서 재배5단 독활(땅두릅)을 재배하고 가공하는 것을 전문적으로 하기 시

34

35

한국엉경퀴최초재배기념

농촌진흥청장

임실엉경퀴 숙취해소 '엉쿨환' 출시

 임실=박영기 기자 · 승인 2022.07.16 09:48

100% 국내산 임실엉경퀴로 만든 숙취해소제

임실군 지역 특산 자원으로 자리잡고 있는 엉경퀴가 간기능 보호 및 숙취해소에 탁월함이 밝혀졌다.

한국 토종 엉경퀴 중에 한 종류인 임실지역에서 자생하던 자생 엉경퀴를 국내 최초로 재배에 성공하여 연구 개발하고 있는 대한민국 최고농업기술명인 심재석 대표(임실생약)는 특징적으로 임실지역에서 재배하고 있는 토종 엉경퀴가 간기능보호에 매우 탁월하다는 점에 밝혀내고 이를 연구한 결과로서 숙취해소제품 '엉쿨환'을 탄생시켰다.

농촌진흥청 국립원예특작과학원의 연구결과에 따르면 임실지역에서 재배하고 있는 엉경퀴 추출물에는 알콜성 간손상 억제에 뛰어난 효과가 있으며 함께 연구한 조성물로서 토종 민들레는 알콜성 위염 손상 억제에 효과가 있음을 밝혀냈다.

또한 전주대학교 의과학대학과 연구 결과에 의하면 임실엉경퀴 추출물은 지방간염 관련 염증인자 감소와 중성지방 감소, 혈중 GOT 및 GPT의 함량 감소 지방 간염 개선 효능 등을 규명하여 SCI급 국제 학술지에 발표한바가 있으며 전주 생물소재연구원과의 공동 연구 결과에 의해서도 엉경퀴 추출물의 간 성상세포 활성 억제 효과를 밝혀내 특허를 등록했다.

이러한 연구를 기반으로 개발한 숙취해소 '엉쿨환'은 피로회복과 속편함을 동시에 해소하는 듀얼케어 숙취해소제로 음주 전 후 특히 숙취상태에서 섭취하기 편리하게 미니환 형태로 만들어 목넘김이 좋고 환 알맹이 마다 멀꿀을 코팅하여 약재 특유의 쓴맛을 최소화하여 거부감없이 섭취할 수 있도록 제형화 한 품격높은 제품으로 탄생했다.

엉쿨환은 웰리스 라이프 전문기업 (주) 케이 시슬을 통해서 15일부터 이마트24, 네이버 스마트스토어를 시작으로 본격적인 판매에 들어 가며 8월 부터는 미니스톱, GS24에서도 판매될 예정이다.

우리나라 토종자원 엉경퀴로 개발한 숙취해소 '엉쿨환'의 도전으로 침체되어 가는 우리 농업과 농촌에 활력을 기대해 본다.

임실=박영기 기자

 임실=박영기 기자

The Leader
심재석 제35호. 대한민국 최고농업기술명인

이름 모를 잡초에서 글로벌 식의약 소재로

프로나당 감염 시 많은 이들이 사용한 아스피린은 사실 '버드나무껍질'로 알려 먹으면 해열과 진통 작용이 있다(라는 인간요법에서 유래했다. 1830년대 버드나무껍질에서 뽑아만든 살리실산(Salicylic Acid) 물질이 해열, 진통, 소염과 같은 효능을 보이는 것이 밝혀졌으며 이를 화학적으로 합성하는 데 성공해 오늘날 대표적인 해열진통제로 자리잡은 것이다. 이처럼 값거비싸던 전래 내려온 민간요법을 과학으로 증명해 낸 사람이 우리나라에도 있다. 바로 국내 최초 엉겅퀴 재배에 성공해 엉겅퀴 성분지도를 만든 심재석 제35호 대한민국 최고농업기술명인이다. 어떻게 혀 어머니가 활용하시던 여성 엉겅퀴의 효능을 과학적으로 분석해 낸 후 글로벌 식의약 소재로 등국시키고자 준비 중인 그를 지난 8월 강원 인삼에 위치한 임실생약마에서 만나 보았다.

엉겅퀴 국내 첫 재배 성공, 건강식품화로 100억 매출 꿈

● 임실생약 심 재 석 대표

인터뷰/ 김 재 호 선임기자

건강기능식품이 주목받으면서 약초류 재배 바람도 불고 있다. 최근 주류층이 무병 장수로 돌봄씨, 오가피, 헛개나무, 다시마, 헛개청, 석류, 현미, 파프리카, 민들레, 무지룡, 둥굴, 뱀지감자 등이다. 친근에는 산야에 약물로든 기엉겅퀴가 건강 돌봄 개선에 효능 있으므로 밝혀지며 서설이이 돌봄되고 있다.

심재석 임실생약 대표가 가시엉겅퀴 건강식품을 선보이고 있다.

> 차별화된 제품 개발위해 꾸준하게 준비
> 임실 체험관광농장 300만평 조성 계획
> 지역내 유가공산업 등과 연계 발전 기대

● 심재석 대표

약초농사 야심찬 도전, 가공판매 사업수완뛰어나

김재호 선임기자

지긋지긋 숙취 '주적' 으로 해결

임실생약영농조합 신제품 출시

전북·전주대 교수 참여 개발
황금 등 16종 생약추출물 함유

마산대학 전통약재개발과 심재석씨

농산물가공산업 대통령 표창

8강기쁨 고객과 함께

순창우체국 붉은악마 복장 고객맞이
섬진강인진쑥, 2천만원어치 제품제공

/임실군·오수영근 기자

"전통약재 개발 더욱 매진할 것"

40대 만학도 심재석씨 대통령 표창

'농산물 가공산업 기여' 공로 인정

慶南新聞
경남신문　　　　2003년 11[...]

아사람

마산대 전통약재개발과 심재석씨
'농산물가공산업 공로' 대통령 표창

마산대학교 겸임교수로 재직중인 심재석(46·전화 원심김씨) 씨가 2003년 농산물가공산업 발전 공로로 지난 14일 심천퇴 대통령표창을 수여받았다.

심씨는 지난 14일 열린 「2003 서울식품산업대전」에서 발생폐허를을 출범한 강·순예기능 혹신과 '오장풍기술'을 내놓아 다솔기를 원광대 경남의 종사우수상을 15번째로 화산물을 선V의공로로 순수통산업벌진산업 발전에 기여한 바[...]게 기여한 원동기로 인정돼 수상의 영광을 안았다.

경남매일
The Kyungnam Daily News

마산大 약재개발과 심재석씨
대통령표창 수상

농산물가공산업 발전 기여 공로

AT센터 전시장에서 2003년도 농산물 가공산업 발전진흥공로자 선정되어 대통령 표창을 수여받은 심재는 1982년부터 전통약재개발업인 임실생약농조합을 운영해오면서 깊이있는 약재 이론과 산하연구를 위해 지난 해 마산대학교 약재개발과에 연합[...]

경영 자문 위원을 찾아서 4

"25년간 오로지 생약 외길,
전라북도 생물 산업 인프라 잘 갖춰져.."

임실생약조합 / 심재석 대표이사

최근 원광대학교 의약자원연구센터와 공동으로 "다슬기 추출물을 함유한 간질환 치료용 약재조성물"을 개발하고 특허 등록까지 마친 영농법인 임실생약조합 심재석 대표이사를 만났다.
생약재료를 이용한 건강식품 회사의 대표답게 심재석 사장의 밝고 힘찬 목소리에는 자연의 생명력과 깊은 감한 기운이 느껴졌다.

Q 임실생약 영농조합법인 어떤 회사인지요?

홍희씨, 다슬기, 산수유, 민들레, 인진쑥 등 섬진강 상류를 중심으로 옥정호를 끼고 도는 청정지역 임실의 부촌자원과 국내산 생약재를 주원료로 한 건강식품을 생산하고 있습니다.

Q 농산물 가공 산업 발전 공로로 대통령 표창까지 받으셨습니다. 또 전통 약재 개발을 공부하시기 위해 늦깍이 대학생 생활도 하셨다고 들었는데...
경영을 하시며 기억에 남는 일이 있다면...

25년간 오로지 생약인의 외길을 걸었습니다. 약용작물 발전 주시단지내 개발하고 생약 재생산 작목반을 조직하는 등 양질의 국산 생약 생산 기반을 갖추는데 최선을 다하며 지냈지만, 이론적 지식에 대한 목마름은 해결이 되지 않아 따른 님은 나이에도 불구하고 대학생이 되었습니다.

이런 일들이야 제가 좋아 하는 일이라 어려워도 상관 없습니다. 하지만, 2001년 농산물 수입 개방이 되면서 질 낮은 중국산 한약재가 농촌까지 물밀듯 들어오고 덩달아 약초 재배 농가들이 점점 남아야 가는데, 그 때는 이렇게 해야 합시 참으로 난감했습니다. 고민 끝에 순수한 국산 약재를 지키면서, 농가에도 도움이 되고자, 회사와 농가가 직접 계약을 하고 거래를 시작 했지요. 다행히 성과가 좋았습니다.

Q 대학과 함께 연구를 진행하시는 동 농업분야에 새로운 가능성을 제시하셨다는 주위로부터의 평가입니다. 침체된 전북 농업의 활로, 어디서 찾아야 할까요?

다들 어렵다고 하지만, 우리 전라북도는 생물 산업에 대한 인프라가 크게 조성되어 있습니다. 발전 가능성 또한 매우 희망적이죠.
우리 회사를 예로 들면, 전북대학교 바이오식품 연구센터, 원광대학교 의약자원연구센터, 마산대학교 약재개발과, 약초지장동들 많은 연구기관들과 공동연구 또는 기술지원을 받아 제품을 개발하고 있습니다. 이러한 노력들은 우리 농업분야 생산한 약재의 가치 향상에 큰 기여를 할 것입니다. 농가의 소득 증대만이 농촌 사회 발전의 지름길이죠.

Q 전주MBC 경영자문위원으로 활동하시면 전주MBC와 지역 방송에 바라시는 점, 어떤것이 있을까요?
경영자문위원으로 4년 여 활동을 해보니까 전주문화방송이 우리 지역 고유의 문화 지킴이로 지역 발전에 견인차로 아주 중요한 역할을 하고 있다는 것을 알게 되었습니다.
사업을 하며 항상 느끼는 것은 우리 전북인들에게는 보다 적극적인 사고와 도전적인 행동이 필요하다는 것입니다. 이러한 사고의 전환은 방송 매체만이 할 수 있는 일이라 생각합니다.
전주MBC에 기대를 겁니다.

주요 연혁

- 1982. 3. - 풍산농장 설립
- 1994. 5. - 생약재생 임농조합 설립
- 1998. 5. - 국산생약 가공공장 설립
- 2001. 3. - 성진강 H&F (청정밭 건강식품) 설립
- 2002. 7. - 건강식품 제조 자동화설비 시설완비
- 2002. 8. - ISO 9001 인증
            - 야생생약 이용한 건강 보조식품
            - 연구개발, 제조 및 부가서비스

주요 수상 내역

- 1997/1998 - 운수 농림장관인 농림부장관 표창
- 2003. - 대통령표창수상
- 2005. - 농림부선정 신지식 농업인장 수상

섬진강변의 엉겅퀴

임실엉겅퀴 농장을
찾아오는 사람들

엉겅퀴 농장에서 저자

제 **10**장

임실엉겅퀴 사진 갤러리

임실 엉겅퀴 농장 사진 갤러리

오세안 작가 엉겅퀴 꽃 갤러리

이중희 화백 엉겅퀴 꽃 사진 갤러리

이중산 작가 엉겅퀴 사진 갤러리

임실 엉겅퀴 그림 갤러리(정인수 화백 세밀화)

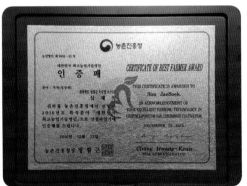